Martina D'Ascola

# 50 sagenhafte Naturdenkmale in Hessen

Martina D'Ascola

# 50 sagenhafte Naturdenkmale in Hessen

Bäume · Findlinge · Gewässer · Wiesen · Moor

steffen verlag

# Übersichtskarte

31
Hofgeismar
Reinhardshagen
48
Volkmarsen
Liebenau
Calden
Vellmar
Grebenstein
Immenhausen
15
Bad Arolsen
Twiste
Willingen
33
45
42
Kassel
Fuldatal
Wolfhagen
Schauenburg
Niestetal
Korbach
Naumburg
Niedenstein
Baunatal
Lohfelden
Großalmerode
Bad Sooden
Hess. Lichtenau
Helsa
Waldeck
40
41
Guxhagen
Gudensberg
Eschwege
Bad Wildungen
Fritzlar
Felsberg
Melsungen
Waldkappel
Spangenberg
Wehretal
Frankenberg (Eder)
Frankenau
44
Löhlbach
Wabern
Malsfeld
Bad Zwesten
Sontra
Allendorf
Battenberg (Eder)
Haina
Borken (Hessen)
Homberg (Efze)
Fulda
Gemünden (Worra)
Jesberg
Remsfeld
Frielendorf
Rotenburg a.d. Fulda
Nentershausen
Wildeck
Rosenthal
Münchhausen
Wohratal
Gilserberg
Laasphe
Biedenkopf
Bebra
Neuenstein
Schwalmstadt
Wetter (Hessen)
22
Treysa
Ziegenhain
Schwarzenborn
Bad Hersfeld
37
Dautphetal
Rauschenbg.
Neustadt (Hessen)
Oberaula
Friedewald
Colbe
Neukirchen
Schenklengsfeld
36
Marburg
Kirchhain
Stadtallendorf
Kirchheim
27
24
Eschenbg.
Gladenbach
Niederaula
Unterbreizbach
23
Dillenburg
19
Amöneburg
Kirtorf
Alsfeld
Eiterfeld
Weimar
Haunetal
16
28
H E S S E N
Wetterberg
Homberg (Ohm)
Grebenau
Herborn
Biebertal
Allendorf (Lumda)
Romrod
Schlitz
34
Lollar
Gemünden
Lauterbach (Hessen)
Hünfeld
43
Feldatal
Bad Salzschlirf
2
Gießen
Reiskirchen
Mücke
Nüsttal
Leun
Wetzlar
Buseck
Ullrichstein
Großenlüder
Fulda
Petersberg
47
Linden
Pohlheim
Grünberg
Herbstein
Braunfels
Solms
49
Laubach
Künzell
Hadamar
29
Hüttenberg
Langgöns
Lich
Hungen
Schotten
Grebenhain
Hosenfeld
26
Wasserkuppe 950 m
39
Weilburg
Neuhof
Elz
Butzbach
Münzenberg
38
32
17
Gersfeld (Rhön)
30
Runkel
Gräven-wiesbach
18
Bad Nauheim
Gedern
Freiensteinau
Limburg a.d. Lahn
25
Nidda
14
Flieden
Friedberg (Hessen)
Birstein
Usingen
3
Ortenberg
46
Bad Soden-Salmünster
Schlüchtern
Altenstadt
12
50
Karben
Büdingen
Steinau a.d. Str.
Bad Homburg v.d. Höhe
Wächtersbach
Idstein
Nidderau
21
4
Königstein
5
Gründau
Bad Orb
Bruchköbel
8
Niedernhsn.
6
Steinb.
Maintal
Langenselbold
Gelnhausen
Schwalbach
35
Bad Soden
Eppstein
Kelkheim
Hofheim
Eschborn
Bieber
FRANKFURT
Hanau
Schlangenbad
Taunusstein
Mühlheim
Freigericht
Oestrich-Winkel
WIESBADEN
1
Offenbach
Kriftel
Obertshsn.
7
Flörshm.
Raunhm.
Heusenstamm
Hochheim
11
Dietzenbach
Rüsselshm.
Rodgau
Dreieich
Trebur
Mörfelden-Walldorf
Rödermark
Babenhausen
Langen
Weiterstadt
Münster
Büttelborn
Darmstadt
Dieburg
Griesheim
Roßdorf
13
Groß Umstadt
Oppenheim
Riedstadt
Groß-Zimmern
Mühltal
Pfungstadt
Ober-Ramstadt
Reinheim
Höchst
Groß-Bieberau
10
Seeheim-Jugenheim
Zwingenbg.
Groß-Rohrheim
Bad König
Michelstadt
Oden-
Bensheim
Reichelsheim
Bürstadt
Heppenheim
Fürth
Erbach
Lorsch
Birkenau
Wald-Michelbach
20
Mörlenb.
Weinheim
Beerfelden
wald
Rhein
Fulda
Lahn
Werra
A7
A5
A49
A4
A480
A485
A45
A66
A661
A3
A671
A67
A60
A451
A5
E40
E45
E44
E41
E42
E451
E35

# Inhaltsverzeichnis

**Anhang**

# Vorwort

Als ich mit meiner Recherche für dieses Buch begann, hatte ich nicht erwartet, dass es in Hessen so viele Naturdenkmale gibt, von denen so viele Bäume sind. Am Ende stand ich nicht mehr vor der Frage »Welches Naturdenkmal nehme ich in das Buch auf?«, sondern »Welches Naturdenkmal lasse ich weg?«. Und die Auswahl ist mir wirklich nicht leichtgefallen.

Ich habe mit vielen Menschen gesprochen, die sich sehr im Naturschutz engagieren: mit den Mitarbeitern der Unteren Naturschutzbehörden in den einzelnen Landkreisen, mit ehrenamtlichen Helfern im NABU, im BUND und in der Schutzgemeinschaft Deutscher Wald (SDW) sowie mit den Vorsitzenden von Heimatvereinen (eine ausgezeichnete Quelle, was den geschichtlichen Hintergrund betrifft) – und jeder hatte sein Lieblings-Naturdenkmal. Das machte meine Auswahl nicht einfacher.

Die 50 Naturdenkmale, die Sie in diesem Buch finden, sind meine persönliche Auswahl. Sie bilden einen abwechslungsreichen Querschnitt durch die zahlreichen Naturschönheiten Hessens. Neben Einzelobjekten, darunter Bäume oder Felsen, gibt es selbstverständlich auch flächenhafte Naturdenkmale wie die Orchideenwiesen in Frankenau oder die Altbäume in Helsen. Mit dem Unica-Bruch in Villmar haben wir ein weltweit einzigartiges Geotop, das Herbstlabyrinth-Adventhöhle-System in Breitscheid ist das größte Höhlensystem Hessens und hat mit der Knöpfchenhalle die zweitgrößte Schauhöhle im Bundesland. Die Linde in Schenklengsfeld ist wahrscheinlich der älteste Baum Deutschlands. Und nicht zu vergessen die Sauborn-Quelle bei Breungeshain, die zu den Kleinstbiotopen gehört und das jüngste Naturdenkmal in meinem Buch ist.

Wie wichtig Naturdenkmale gerade heutzutage sind, wurde mir bei meinen Recherchen immer wieder aufs Neue bewusst. Sie sind Lebensräume für seltene, gefährdete Pflanzen und Tiere, sie zeugen von der Entwicklung einer Landschaft und zeigen uns, wie die Welt vor Millionen von Jahren aussah. Bäume würden nicht mehr stehen, wenn sie nicht frühzeitig geschützt worden wären, darunter beispielsweise die Süntelbuchen, die an vielen Orten schon ausgerottet sind und von denen es in Hessen einige sehr schöne Exemplare gibt. Oder was wäre aus dem Kathuser Seeloch geworden, aus den Hochheiden bei Usseln oder aus dem Wasserfall bei Nenderoth, wenn sie nicht geschützt worden wären?

Ich hoffe, Sie haben Freude an der Auswahl meiner Naturdenkmale, und vielleicht bekommen Sie nach dem Lesen Lust, die Natur neu für sich zu entdecken.

*Martina D'Ascola, März 2018*

Ginkgo

# Baum der Jahrtausendwende

Frankfurt-Rödelheim

1 Es wird vermutet, dass der Ginkgo in Rödelheim Goethe zu folgendem Liebesgedicht anregte, als er im September 1814 für einige Tage Gast bei der Familie Brentano in Rödelheim war. Damals wird der Baum vielleicht schon die ersten Anzeichen des Herbstes gezeigt haben, mit gelbem Laub an den Ästen und den ersten Blättern zu seinen Füßen.

**Gingo Biloba**

*Dieses Baums Blatt, der von Osten*
*Meinem Garten anvertraut,*
*Gibt geheimen Sinn zu kosten,*
*Wie's den Wissenden erbaut.*

*Ist es Ein lebendig Wesen?*
*Das sich in sich selbst getrennt,*
*Sind es zwei? die sich erlesen,*
*Daß man sie als Eines kennt?*

*Solche Frage zu erwidern,*
*Fand ich wohl den rechten Sinn:*
*Fühlst du nicht an meinen Liedern,*
*Daß ich Eins und doppelt bin?*

Johann Wolfgang von Goethe, 15. September 1815[1]

Bei meinem ersten Besuch im Winter kann ich den Ginkgo leider nicht genau erkennen, denn er steht neben dem Petrihaus und die Streben des Stahlgitters, die das Grundstück umzäunen, verdecken die Sicht. Ich sehe den Baum mit seinen kahlen, teilweise dürren, nach oben gestreckten Ästen sehr viel deutlicher von der anderen Seite, vom Brentanopark, über einen schmalen Arm der Nidda hinweg. Der Ginkgo überragt um einige Meter das Petrihaus, das vom Kaufmann und Bankier Gregor Brentano 1820 zu einem klassizistischen Schweizerhaus umgebaut wurde und heute unter Denkmalschutz steht.

Der Ginkgo selbst ist ein Naturdenkmal und gilt als der älteste seiner Art in Deutschland, wenn nicht sogar in Europa. Er wurde um 1750 gepflanzt und ist somit fast 270 Jahre alt. Da Ginkgos über Tausend Jahre alt werden können, zählt er noch zu den relativ jungen Exemplaren.

Der Ginkgo ist weder Nadel- noch Laubbaum, sondern bildet eine eigene Ordnung: Ginkgoales. Seine zweigeteilten Blätter gelten als Mahnmal für Frieden und Umweltschutz. So formuliert das Kuratorium Baum des Jahres: »Dieses aus den einstigen Nadeln zusammengewachsene Fächerblatt ist ein Phänomen in der Pflanzenwelt, das dem Ginkgo seinen besonderen Reiz verleiht. Ein unverwechselbares Charakteristikum ist der mehr oder minder tiefe Einschnitt des Blattes. Ein Symbol für Hoffnung.«[2]

Es wird vermutet, dass der Ginkgo der erste Baum war, den es auf der Erde gab, »da er genauso viele Gemeinsamkeiten mit Farnen wie mit Bäumen aufweist«.[3] Wahrscheinlich war er auf dem gesamten Festland verbreitet und das auch zu Zeiten, als noch Dinosaurier die Erde bevölkerten – ein »Dinosaurierbaum« also in mehrfacher Hinsicht. Im Laufe der Jahrtausende verlor der Ginkgo diese Stellung jedoch, da sich andere Baumarten entwickelten und sich sein Lebensraum verkleinerte. Ob es Ginkgos in freier Natur noch gibt, ist nicht sicher, die bekannten sind alle vom Menschen kultivierte Versionen.

Im Jahr 2000 erklärte das Kuratorium den Ginkgo zum »Baum des Jahrtausends«, da »seine unglaubliche Vergangenheit und seine brillanten Chancen für die Zukunft den Ginkgo für unsere heutige Welt zu einem großen Symbol werden [lassen]: das Symbol für einen Weltenbaum, das Symbol für Stärke und Hoffnung«.[4] Das Logo des

Blühender Ginkgo

Blick vom Brentanopark auf den Ginkgo-Baum

Kuratoriums fasst es knapp zusammen: »Baum der Jahrtausende – Baum des Jahrtausends.«

»Symbol für Hoffnung« – das finde ich sehr interessant, denn es erinnert mich daran, dass gegenüber dem Petrihaus im Brentanopark ein Mahnmal für die in Rödelheim verfolgten und ermordeten Juden steht. Dieses Mahnmal befindet sich an der Stelle, wo früher die Synagoge stand. Nach 100 Jahren ihres Bestehens wurde sie in der Reichspogromnacht am 9. November 1938 geschändet und zerstört. Der einzige Grund, warum das damals gelegte Feuer gleich wieder gelöscht wurde, war ein Benzinlager in der Nachbarschaft. Nur die Umfassungsmauern der Synagoge blieben stehen.[5]

Was bedeutete den Juden der Ginkgo, wenn sie ihn dort über den Fluss auf der anderen Seite sahen, mit Blättern im Sommer, mit kahlen Ästen im Winter? War er für sie nur ein schöner Anblick, wenn sie aus der Synagoge kamen, oder ein Zeichen der Hoffnung nach der Zerstörung der Synagoge? Hofften sie, ihn wieder blühen zu sehen,

Ginkgo-Blätter

wenn die Zeit der Verfolgung und Unterdrückung endlich vorbei ist? Von den 113 jüdischen Bürgern in Rödelheim (Zahl von 1924)[6] wurden in der NS-Zeit mindestens 36 namentlich bekannte umgebracht oder in den Tod getrieben.

Heute ist der Ginkgo ein fester Teil des Petrihauses und Ausgangspunkt für Veranstaltungen und Führungen, die vom FörderVerein PetriHaus e.V. angeboten werden – wie die Veranstaltung »Goethe, Ginkgo und Gedichte«, an der ich heute teilnehme. Neben dem Ginkgo lerne ich auch viel über die Bäume, die sich im Brentanopark befinden, zum Beispiel über den Flügelnussbaum, die schwedische Maulbeere oder den Tulpenbaum. Und ich lerne den ältesten Baum im Park kennen, eine circa 550 Jahre alte Eiche: »Sie war hier vor der Entdeckung Amerikas«, betont die Tour-Führerin. Die Eiche wurde gepflanzt, als es unsere Welt, wie wir sie geografisch heute kennen, noch gar nicht gab.

550 Jahre – damit ist sie älter als der Ginkgo hier. Jetzt, im Juni,

sehe ich ihn blühen und habe auch Gelegenheit, mir seine zweigeteilten »Blätter der Hoffnung« genau anzusehen.

So blühend fällt noch mehr auf, wie weit seine Äste reichen. Ein großer von ihnen liegt auf der kleinen Garage, die circa ein Meter von ihm entfernt steht. So, als ob sich der Baum ausruhen würde. Die Blätter bedecken fast das gesamte Dach.

Übrigens: Die Bezeichnung »Ginkgo« beruht auf einem Schreibfehler von Carl von Linné. Im Chinesischen besteht der Name aus einer Kombination der Schriftzeichen »gin« für Silber und »kyō« für Aprikose, ein Hinweis auf die silbrig schimmernden Samenanlagen. Engelbert Kaempfer, deutscher Arzt und Japanforscher, publizierte zahlreiche seiner Untersuchungen zur japanischen Pflanzenwelt unter dem Titel »Flora Japonica« und schrieb statt »kyo« (bzw. »kjo«) »kgo«. In seiner Erstveröffentlichung zur Gattung übernahm Carl von Linné diese Form. Seitdem heißt es Ginkgo.[7]

Und noch ein Tipp der Tour-Führerin: Ginkgos kann man leicht in einem Topf heranziehen, allerdings sollte man eine männliche Pflanze nehmen, da die Früchte der weiblichen Pflanze unangenehm riechen.

Anfahrt: Am besten fahren Sie mit den öffentlichen Verkehrsmitteln, da Parkplätze sehr rar sind: vom Hauptbahnhof Frankfurt mit den S-Bahnen S 3 Bad Soden, S 4 Kronberg und S 5 Bad Homburg bzw. Friedrichsdorf bis zum Bahnhof Frankfurt-Rödelheim; von hier aus sind es circa zehn Minuten Fußweg via Radilostraße, Alt-Rödelheim, Am Rödelheimer Wehr. Am Bahnhof steht in der Regel auch ein Hinweisschild. Mit der Buslinie 34 bzw. 72 bis zur Haltestelle Alt-Rödelheim (Petrihaus); von hier aus circa fünf Minuten Fußweg via Alt Rödelheim zur Straße Am Rödelheimer Wehr.

Leyenbach-Wasserfall

# Wasserlauf über 25 Meter

Nenderoth

2 Die letzten Tage im Mai waren so heiß, da führt der Leyenbach gerade nicht viel Wasser; über die Basaltbrocken des Wasserfalls tröpfelt es eher. Schade, ich hatte mich darauf gefreut, das Wasser plätschern zu hören.

Der Wasserfall liegt unterhalb der Gemeinde Odersberg im Lahn-Dill-Kreis und ist einer der Höhepunkte des Wanderwegs Greifenstein-Schleife (von Herborn nach Rehe; 36 Kilometer lang) sowie des 15 Kilometer langen Leonhard-Hörpel-Wegs, der nach dem Westerwälder Heimatforscher Leonhard Hörpel benannt wurde.

Wenn Sie keine Zeit für eine lange Wanderung haben, ist der kleine Friedhof von Arborn, der außerhalb des Ortes liegt, ein guter Einstieg. Auf der anderen Straßenseite – gegenüber vom Friedhof – zeigt der Wegweiser die Richtung zum Wasserfall an (von hier aus anderthalb Kilometer). Der Weg führt ohne große Steigungen in den Wald hinein und ist gut ausgebaut. Nach einem Kilometer kommt der nächste Wegweiser und dann bin ich auch schon da. Und nicht nur ich. Wie ich feststelle, ist der Wasserfall bei Spaziergängern beliebt. Das kann ich gut verstehen. Es ist hier sehr idyllisch und unglaublich ruhig. Die Autos, die über die Landstraße durch den Wald oben auf der Anhöhe fahren, sind hier unten nicht zu hören.

Mit einer Gesamthöhe von circa zehn Metern erstreckt sich der Wasserfall über eine Länge von 25 Metern, der Hauptabfall beträgt vier Meter. Er ist eine Naturschönheit. Gespeist wird der über Basaltbrocken verlaufende Wasserfall vom Leyenbach, der in einem nahe gelegenen Waldstück, der Pfeiffersheck, entspringt und in seinem Verlauf in den Kallenbach mündet.[8] Neben dem Wasserfall führen einige Stufen und dann ein schmaler Pfad hügelaufwärts, dem ich so weit wie möglich folge. Die Sonnenstrahlen brechen sich an den Stei-

Das Wasser bahnt sich seinen Weg

nen und bringen die Wassertropfen zum Glitzern. Hin und wieder schiebt sich ein kleines Rinnsal durch das Geröll. Die Steine sind teilweise mit Moos bewachsen, Gras und Blumen runden das romantische Bild ab.

Seit 1958 ist der Wasserfall ein Naturdenkmal, seit 2015 ist er Teil des Geoparks Westerwald-Lahn-Taunus, der »sich über eine Region von ganz besonderer geologischer, landschaftlicher, kultur- und montanhistorischer Qualität erstreckt. Hier können über 400 Millionen Jahre Erdgeschichte und über 2000 Jahre Bergbaugeschichte erkundet und erlebt werden«.[9]

Entspannt gehe ich zurück zum Auto, mache aber noch eine kurze Rast bei der Baumelbank, die der NABU Odersberg am Waldweg aufgestellt hat. Hier lasse ich den Wasserfall in Gedanken ein wenig nachwirken und folge dabei der Anweisung auf der Bank: »Nicht nur Ihre Seele können Sie hier baumeln lassen, sondern auch die Beine.«

Ein paar Tage später erfahre ich von Roland Krumm, 1. Vorsitzender des Arborner Heimatvereins, dass »es sehr viel Arbeit war, ihn [den Wasserfall] von den ganzen Gräsern zu befreien«. Der Heimatverein kümmert sich unter anderem um die Pflege diverser Grünflächen in der Gemarkung, wozu auch der Wasserfall gehört. »Er war ziemlich zugewachsen.« Eine Arbeit, die oft wiederholt werden muss, um ihn so zu erhalten, wie er ist.

Und er gibt mir den Tipp, im Winter noch einmal hierher zu kommen. »Das Wasser gefriert auf dem Moos und es bilden sich wundervolle Eisskulpturen.«

Anfahrt: Der Wasserfall liegt unterhalb der Gemeinde Odersberg im Lahn-Dill-Kreis, an der Greifenstein-Schleife sowie am Leonhard-Hörpel-Weg. Ein guter Einstieg für den direkten Weg zum Wasserfall ist der Friedhof (mit kleinem Parkplatz) von Arborn. Folgen Sie dem Wegweiser gegenüber vom Friedhof zum Wasserfall.

Maulbeerhecken

# Seidenraupenzucht für Fallschirme

Glauburg-Stockheim

3 Früher waren sie hierzulande noch häufig vertreten, heute gibt es sie leider kaum noch: Maulbeerbäume. Dabei können Maulbeeren sehr vielfältig eingesetzt werden. Da sie einen hohen Zuckergehalt aufweisen, werden sie in asiatischen Ländern oft frisch oder getrocknet und zu Pulver zermahlen zum Süßen und Färben von Speisen und Getränken genutzt.[10] Man kann aus den Beeren auch Marmelade kochen.

Im 12. Jahrhundert soll der Maulbeerbaum in Europa eingeführt worden sein. 1752 ordnete Friedrich II. an, in Berlin eine Plantage mit 1500 Maulbeerbäumen zu pflanzen. Doch die Bäume waren es nicht, die Friedrich II. interessierten. Es ging ihm um die Seidenraupe, die sich ausschließlich von den Blättern des Weißen Maulbeerbaums ernährt. Seide war damals ein Luxusgut und warum nicht direkt die »Quelle anzapfen«, anstatt Seide teuer zu importieren?

Die Seidenraupenzucht ist allerdings nicht einfach, da die kleinen Tiere sehr wählerisch sind. Sie fressen nur das frische Laub des Weißen Maulbeerbaums. Je nach Rasse sollen 100 Seidenraupen im Laufe ihres Lebens 180 bis 450 Kilogramm Maulbeerblätter vertilgen. Nach 30 bis 35 Tagen beginnen die Raupen, einen Kokon für die Verpuppung zu spinnen.[11] Anschließend wird der Kokon geerntet und die Puppen werden durch Hitze getötet, um die Seide aus dem Kokon gewinnen zu können.[12]

Die Seidenraupenzucht war im 17. und 18. Jahrhundert ein beliebter Zeitvertreib für Privatleute, unter ihnen wohl auch Goethes Vater. Die Seidenraupen trugen besonders im Zweiten Weltkrieg dazu bei, den Maulbeerbaum zu einer neuen Blüte zu verhelfen. In den 1930er Jahren wurden zahlreiche Maulbeerbaumhaine in Deutschland gepflanzt, um aus den Seidenraupen Seide zu spinnen, die später vor

Blühender Maulbeerbaum

allem für Fallschirme genutzt werden sollten. Dabei wurden schon die Schulkinder miteinbezogen: In fast allen Volkshochschulen gab es eine Seidenraupenzucht, die Schulkinder betreuten. Sie fütterten die Raupen und brachten deren Kokons zu einer Sammelstelle.[13] Eine flächendeckende und voll durchorganisierte Seidenraupenzucht.

Wie viele Fallschirme tatsächlich aus deutscher Seide gemacht waren, weiß ich leider nicht, aber schon bald nach dem Zweiten Weltkrieg bestand kein Interesse mehr an der Seide, da die Zucht von

Seidenraupen zum einen sehr arbeitsintensiv war und zum anderen vermehrt Kunstfasern eingesetzt wurden. Der Anbau von Maulbeerbäumen lohnte sich nicht mehr und in der Folge wurden zahlreiche Maulbeerhecken gerodet. Mittlerweile gibt es nur noch wenige Haine in Deutschland; einen von ihnen habe ich in Glauburg-Stockheim gefunden.

In einer langen Reihe stehen mehrere Maulbeerbäume der Gattung Weißer Maulbeerbaum hintereinander und ich bin mir sicher, wenn sie im Sommer in Blüte stehen, geben sie ein besonderes Bild ab. Jetzt, Anfang April, sehen sie noch ein wenig kahl aus.

Die Maulbeerbäume haben hier den perfekten Platz. Sie wurden in einen »Hohlgang« gepflanzt, in eine Art Rinne, die etwas vertieft ist. Rechts auf einer kleinen Anhöhe sind Schafweiden, links stehen Bäume. Die Maulbeerbäume bekommen hier den ganzen Tag Sonne und können sehr gut wachsen. Allerdings gäbe es sie heute wahrscheinlich nicht mehr, wenn sich die Schutzgemeinschaft Deutscher Wald (SDW) nicht seit nun schon 30 Jahren um die Maulbeeranlage kümmern würde. Im Jahr 2017 wurden »30 Jahre Maulbeeranlage« gefeiert.

Als die SDW die Anlage übernahm, waren die Maulbeerbäume von Brombeerhecken und wilden Zwetschgenbäumen zugewuchert und mussten freigeschnitten (entbuscht) werden, sonst wären sie wohl eingegangen. Es waren 60 Maulbeerbäume, die alle aus den 1930er Jahren stammten. Einige mussten in den letzten Jahren entfernt werden, doch wurden auch neue gepflanzt. Ursprünglich bildeten sie eine Maulbeerhecke. Da die Bäume jedoch nach dem Zweiten Weltkrieg über einen langen Zeitraum nicht zurückgeschnitten wurden, sind sie sehr in die Höhe gewachsen.[14]

Zwei- bis dreimal im Jahr wird das Totholz rausgeschnitten beziehungsweise entfernt, ebenso wie die Brombeerhecken, wobei dies alles in Handarbeit mit Kleinmaschinen gemacht werden muss, da größere Maschinen nicht eingesetzt werden können.

Auf dem Rückweg erlebe ich eine Überraschung: Etwas abseits

vom Weg gibt es ein zweites Naturdenkmal – die Kieskaute Stockheim. Kaute bedeutet Grube und bei der Kieskaute Stockheim handelt es sich um die Reste eines ehemaligen Steinbruchs mit einem kleinen Tümpel, der sich im Boden gebildet hat. Die Kieskaute wurde beim Bau eines Feldwegs Ende der 1950er, Anfang der 1960er Jahre angeschnitten. Bei der Stockheimer Flurbereinigung Anfang der 1960er Jahre wurde Kiesmaterial für den Unterbau der Asphaltwege in der Gemarkung Stockheim abgebaut. Die Kiesgrube hatte wirtschaftlich keine langfristige Bedeutung für die Gemeinde, 1986 wurde sie zum Naturdenkmal erklärt. Seit circa 2010 finden an der Kieskaute geologische Führungen statt.[15]

Ich stehe der Steinbruchwand gegenüber und frage mich, wie hoch sie ist. Davon steht auf dem Naturdenkmal-Schild nichts. Allerdings erfahre ich, warum die Kieskaute als Naturdenkmal ausgewiesen wurde: »Die besonderen Felsschichten … sind ein seltener Gesteinsaufschluß.«[16] Das bedeutet, das Gestein ist an der Erdoberfläche gut sichtbar, also frei von Boden und Vegetation wie bei freistehenden Felsenformationen, Steilhängen von Flüssen oder von Menschen angelegte Steinbrüche. Aufschlüsse sind so wichtig, weil es mit ihnen möglich ist, die Entstehungsgeschichte des Gesteins, sein »Leben« nachvollziehen zu können. Es handelt sich dabei wohl um ein ähnliches Prinzip wie bei den Ringen eines Baumes.

Aufschlüsse sind besonders für Geologen wertvoll, da sie hier relativ leicht an Gesteinsproben gelangen, die sie sonst nur mit aufwändigen Bohrungen erhalten würden.[17] In der Kieskaute Stockheim finden sich Zechstein und Kupferschiefer, ganz unten befindet sich Rotliegend (hier nicht typisch rot, sondern von der Staunässe graublau verfärbt).

Anfahrt: Fahren Sie in Glauburg-Stockheim zur Straße »Zum Hochbehälter«, wo es auch einige Parkplätze gibt. Folgen Sie von hier geradeaus dem asphaltierten schmalen Weg, der leicht bergan führt. Der Hain liegt links, klar als Naturdenkmal gekennzeichnet.

Der Wilde Stein

# Hexenprozesse und Steinbruch

Büdingen

❹ 2015 war ich zum ersten Mal in Büdingen und begeistert von der Altstadt mit ihren gut erhaltenen Fachwerkhäusern. Damals konzentrierte ich mich auf die Innenstadt und hatte keine Zeit für den Wilden Stein. Das hole ich heute nach.

Der Wilde Stein befindet sich oberhalb der Büdinger Altstadt. Dort finden Sie nicht nur die »imposante Felsgruppe«[18], sondern haben auch eine sehr gute Aussicht auf Büdingen.

Der Wilde Stein ist eine Kurzform für »der wilden Frau Gestein« und reiht sich in die Gruppe von Felsbezeichnungen wie Wildfrauhaus oder Wildfrauengestühl ein. Dieser Begriff verweist meist darauf, dass der Felsen ein vorchristlicher Kultplatz war, was auch für den Wilden Stein in Büdingen gilt.

Der Stein selbst ist ein tertiärer Basalt und stammt aus der Zeit vor 65 bis 26 Millionen Jahren. Das typisch dunkle, dichte Basaltgestein fällt sofort auf, als ich bergaufwärts gehe. Basalt ist ein vulkanisches Gestein, das sich zum Beispiel bildet, wenn Lavaströme oder Magma in Vulkanschloten oder Spalten erstarren. Anhand der Stellung der Säulen (sogenannte Meilerstellung) wird erkennbar, dass der Wilde Stein ein Schlot ist. Durch Verwitterung und Abtragung gingen Teile der weicheren Gesteine verloren, während der harte Basalt als Felskuppe zurückblieb.[19]

Im Basalt eingeschlossen sind Bruchstücke des Unteren Buntsandsteins, der etwa 250 Millionen Jahre alt ist. Diese Bruchstücke stammen aus dem Nebengestein des Vulkans und sind in ihrer Größe sehr unterschiedlich. Sie wurden durch das heiße Magma stark erhitzt und teilweise aufgeschmolzen. Die Sandsteinbruchstücke sind daher meist rundlich und das ursprünglich hellrote Gestein blich aus und verfärbte sich gelblich. Das ist sehr gut auf dem dreieckigen Stein zu

Basaltgestein

sehen, der als Beispiel aufgestellt ist. Beim Abkühlen entwickelte der Sandstein zum Teil Säulen – ähnlich wie der Basalt, jedoch mit geringerem Durchmesser.[20]

Von diesen geologischen Fakten einmal abgesehen, ist der Wilde Stein schon sehr lange ein wichtiger Teil von Büdingen. Bereits 1471 wurde der zu Anfang des 14. Jahrhunderts noch im Büdinger Reichswald liegende Stein urkundlich erwähnt. 200 Jahre später, im 16. und 17. Jahrhundert, spielte er eine bedeutende Rolle bei den Hexenprozessen. Unter Folter gestanden die Frauen, die der Hexerei angeklagt waren, dass sie hier am Wilden Stein »nächtens mit dem Teufel zusammengekommen« seien. 239 Frauen sind allein in Büdingen als Hexen verfolgt worden, 485 in der Grafschaft Büdingen[21] – eine erschreckend hohe Zahl, finde ich. Vor allem wenn ich bedenke, welche Qualen die Frauen ertragen mussten, wenn sie unter grausamer Folter zugaben, sich mit dem Teufel verbündet zu haben.

Jahrhunderte später wurde tatsächlich eine »Hexe vom Wilden

Felsklippe des Wilden Steins

Stein« gefunden: Als Lothar Keil, Gründer des Sandrosenmuseums in Büdingen, Basalt mit Einschlüssen aufschnitt, entdeckte er an einem der Stücke ein sich hell abzeichnendes Gesichtsprofil auf dunklem Grund.[22] Ist das wirklich ein reiner Zufall? Gerade hier an diesem Ort, der als Treffpunkt für den Teufel mit Hexen bekannt war?

Ab wann genau der Wilde Stein als Steinbruch genutzt wurde, ist nicht sicher. Bekannt ist, dass der österreichische General von Elsnitz 1796 mehrere Wochen im Wilden Stein sprengen ließ. Das ist heute noch an den Abbaustellen und den verkippten Blöcken erkennbar. Die herausgesprengten Steine wurden genutzt, um Brücken und Straßen in Büdingen zu bauen.[23]

2010 wurde der Wilde Stein von der Deutschen Vulkanologischen Gesellschaft (DVG), Fachsektion Vogelsberg, zum Geotop des Jahres erklärt. Die ausgewählten Geotope zeichnen sich durch verschiedene Besonderheiten aus: Einzigartigkeit, besondere Lage, kulturhistorische Bedeutung etc. Laut der DGV, Fachsektion Vogelsberg, ist der Wilde Stein nicht nur »ein phantastischer Aussichtspunkt, sondern auch eine geologische Schönheit. Die Basaltklippe ist gut 20 Meter hoch und zeigt besonders eindrucksvolle Säulen. Die oft nur bis 15 Zentimeter dicken Säulen lassen durch ihre Lage eine Meilerstellung erkennen, bei der es sich vermutlich um einen Durchbruch oder eine gangförmige Intrusion handelt. Das dichte Gestein ist feinkörnig und kompakt, teilweise auch glasig. Als Einsprenglinge treten die zumeist stark magmatisch korrodierten Olivine [Gruppe von Mineralen, Anm. der Red.] auf. Als Besonderheit lassen sich am Gestein gebleichte Einschlüsse von Buntsandstein erkennen«.[24]

Das alles nach 65 Millionen Jahren – eine Zahl, die ich nur schwer fassen kann. Doch es ist nur dieser berühmte Wimpernschlag in der Geschichte der Erde, wenn man bedenkt, dass sie 4,6 Milliarden Jahre alt sein soll. Was hat unsere Erde in dieser Zeit nicht alles erlebt, wie hat sie sich über die Millionen von Jahren verändert und wie wird sie sich künftig entwickeln?

Anfahrt: Sie können von der Innenstadt zum Wilden Stein laufen: Vom Altstadtparkplatz aus überqueren Sie die Mühltorstraße und kommen zur Straße »Am Wildenstein«; der folgen Sie bergaufwärts. Sie können auch in der Straße »Am Wildenstein« oder in einer der Seitenstraßen parken, allerdings ist dies ein Wohngebiet mit wenigen freien Parkplätzen.

Krausbäumchen

# Teufelsbuche im Hochtaunus

Dornholzhausen (Bad Homburg)

5 Ich muss mich ein wenig bücken, um unter das Blätterdach schauen zu können, aber was ich dann sehe, begeistert mich: Der Stamm des Krausbäumchens bei Dornholzhausen (im Naturpark Taunus), einem Stadtteil von Bad Homburg vor der Höhe, ist gewunden und gedreht. Statt in die Höhe erstreckt sich der Stamm mit seinen Verästelungen in die Breite und obwohl es heute sehr stark regnet, scheint es darunter trocken zu sein. Das Blätterdach tut seine Arbeit.

Dieser Baum auf der Krausbäumchenschneise ist der durch Ableger entstandene Nachfolger des Originalbaums, der bereits am 30. Juli 1937 als Naturdenkmal ausgewiesen wurde.[25] Das Original-Krausbäumchen fiel in der Nacht vom 27. auf den 28. März 1966 einer Sturmböe zum Opfer.[26]

Das Krausbäumchen

Gewundener Stamm des Bäumchens

Das Krausbäumchen ist eine sogenannte Süntelbuche und die einzige ihrer Art im Hochtaunuskreis. Süntelbuchen sind eine besondere Form von Rotbuchen und zeichnen sich durch den gedrehten Wuchs des Stammes und die miteinander verwachsenen Äste aus. Sie wachsen eher in die Breite als in die Höhe, was man bei diesem Bäumchen sehr gut sehen kann.

Der niedrige Wuchs und die in sich gedrehten Äste haben etwas Magisches, etwas Geheimnisvolles. Es würde mich nicht überraschen, wenn Zwerge oder Hobbits darunter wohnen würden. In früheren Zeiten nahm man an, dass die Süntelbuche vom Teufel verdorben oder dass sie verwunschen war. Deswegen wurde sie auch oft »Hexenholz« oder »Teufelsbuche« bezeichnet.[27]

Ursprünglich kommen diese Buchen aus der Deister-Süntel-Region im Weserbergland, die sich im Süden Niedersachsens etwa von Hannoversch Münden bis zur Porta Westfalica erstreckt. Der Region verdankt der Baum auch seinen Namen. Es ist nicht klar, woher die

Herbstblätter der Süntelbuche

Drehung der Äste und des Stammes kommt. So wird unter anderem vermutet, es könnte sich um Mutationen handeln.

Leider wurde der Bestand an Süntelbuchen vor 160 Jahren fast ausgerottet,[28] vielleicht, weil man das gebogene Holz nicht gut wirtschaftlich nutzen konnte. Durch den Drehwuchs lässt es sich nur sehr schwer in Faserrichtung mit Axt oder Säge spalten und aufgrund der Krummwüchsigkeit nur schlecht stapeln.[29] Die Bäume wurden daher zu einer Rarität und entwickelten sich zu einem originellen Geschenk. So soll es bei der Adelsfamilie von Münchhausen zur Familientradition geworden sein, jeder Tochter zu ihrer Hochzeit eine Süntelbuche an ihrem neuen Wohnort zu pflanzen.[30]

Anfahrt: Ein guter Ausgangspunkt, um sich das Krausbäumchen anzusehen, ist das Forellengut Dornholzhausen im Naturpark Taunus, zu dem man auch mit dem Auto fahren kann. Gehen Sie von dort die leichte Steigung geradeaus hoch, dann nach rechts (an der Kreuzung befindet sich ein Wegweiser zum Krausbäumchen). Nach einigen Hundert Metern finden Sie das Krausbäumchen rechts am Waldrand.

Elisabethenstein

# 400 Millionen Jahre zurück in der Geschichte der Erde

Dornholzhausen (Bad Homburg)

❻ Der Naturpark Taunus von Dornholzhausen bei Bad Homburg vor der Höhe ist perfekt, um einen entspannenden Spaziergang zu machen und nebenher ein paar Naturdenkmale zu entdecken.

Nachdem ich das Krausbäumchen ausgiebig kennengelernt habe, folge ich der Krausbäumchenschneise weiter geradeaus.

Nach einiger Zeit geht links ein Weg hinab und an einem Baum steht der Hinweis »Elisabethenstein, 300 m«. »Wenn man den nicht sieht, ist man blind …« – an diesen Hinweis muss ich denken, als ich die große Felsgruppe erblicke. Ja, zu übersehen ist der Elisabethenstein wirklich nicht. Er hat nicht die Höhe wie der Wilde Stein in Bü-

Der Elisabethenstein

dingen und ist auch nicht so breit, dennoch macht es Spaß, ihn sich genauer anzusehen. Mir gefallen die blanken Flächen, die Furchen und Falten, die überall zu sehen sind. Während der Wilde Stein mit Moos und Gräsern bedeckt ist, wachsen auf dem Elisabethenstein sogar Bäume. Deren Wurzeln haben einen Weg in schmale Ritzen und in die Spalten zwischen einzelnen Felsen gefunden, teilweise reicht das Wurzelwerk über Felsen hinweg. Es erstaunt mich immer wieder, wie gut die Natur miteinander harmoniert, aber auch, wie »hartnäckig« sich Bäume ihren Weg suchen und noch in der kleinsten Ritze Halt finden.

Markante Klippe des Elisabethensteins

Während der Wilde Stein unglaubliche 65 Millionen Jahre zählt, ist der Elisabethenstein sehr viel älter. Er stammt aus der Zeit des Devons, ist somit vor circa 410 bis 355 Millionen Jahren entstanden und besteht aus Taunusquarzit.

Seine heutige Form ist von Menschen gemacht. Als 1822 die zentrale Achse der Landgräflichen Gartenlandschaft, die Tannenwaldallee, als Elisabethenschneise in Richtung Limes verlängert wurde, sollte der Weg gerade sein; der Fels stand dem allerdings im Weg. Infolgedessen wurden Teile vom Elisabethenstein weggesprengt, wodurch die markante Form des Felsens entstand, wie wir sie heute kennen. Seit dieser Zeit heißt der Felsen auch »Elisabethenstein«, vorher war er unter dem Namen Eschbachstein bekannt.[31]

Bereits im 19. Jahrhundert war er für die Kurgäste von Bad Homburg ein beliebtes Ausflugsziel, denn man hatte hier damals eine schöne Fernsicht. Das lag allerdings daran, dass große Bereiche der Taunushänge aufgrund von Übernutzung nicht bewaldet waren.[32]

Seit dieser Zeit hat sich jedoch einiges getan: Das Tal gegenüber vom Stein ist wieder ein dicht bewachsener Wald und die weite Sicht gibt es nicht mehr. Der Elisabethenstein ist seit 1938 Naturdenkmal, da er wegen der auffallenden Schichtung und Marmorierung des Gesteins und als botanischer Sonderstandort für Farne, Moose und Flechten als »Einzelschöpfung der Natur von besonderer Seltenheit, Schönheit und Eigenart« gilt.[33]

Ich gehe langsam die Elisabethenschneise zurück, komme auf die Krausbäumchenschneise und bin bald wieder beim Forellengut. Es gibt noch andere Naturdenkmale hier im Wald, doch die muss ich mir für einen späteren Zeitpunkt aufheben.

**Übrigens:** Der Elisabethpfad von Frankfurt nach Marburg führt an dem Elisabethenstein vorbei.

**Anfahrt:** Parken Sie am besten am Forellengut Dornholzhausen. Die Elisabethenschneise zweigt von der Krausbäumchenschneise ab.

Blutlinde

# Liebe, Mord und blutige Tränen

Frauenstein (Wiesbaden)

7 Die Blutlinde in Frauenstein zählt wahrlich zu den Veteraninnen unter den Bäumen im Land. So eingezäunt und zwischen der Kirche St. Georg und Katharina und einem Haus stehend erinnert sie mich an einen zu groß geratenen Bonsai. Der Turm der Frauensteiner Burg auf der anderen Seite, der hoch auf dem Felsen thront und seinen Schatten über die Kirche und den Baum wirft, verstärkt diesen Eindruck.

Wenn das Naturdenkmal-Schild nicht an der Linde befestigt wäre, wie viele wüssten dann, dass die Blutlinde unter Naturschutz steht? Der mächtige Stamm – innen teilweise hohl – streckt sich zu zwei Seiten, bevor er wieder nach oben strebt und sich in dünnere Zweige und Ästchen verjüngt. Weil der Stamm so niedrig ist, lädt er zum Klettern ein – vielleicht doch keine schlechte Idee, die Linde einzuzäunen.

Der Baum soll um das Jahr 1000 gepflanzt worden sein und wäre damit über Tausend Jahre alt. Seine Höhe wird auf 15 Meter geschätzt, die Kronenbreite auf 17 Meter.

Es handelt sich um eine Sommerlinde. Viele Bäume dieser Art bilden eine kuppelartige Krone, ihre Blätter sind oval-herzförmig und asymmetrisch. Die Sommerlinde kommt in feuchtwarmen Laubmischwäldern in Ebenen und im Hügelland bis 1200 Meter ü. d. M. vor und ist von Spanien bis Russland und Georgien in ganz Europa zu finden.[34] Mir gefällt der Name »Blutlinde« viel besser.

Der stammt aus einer Sage, in der es um Liebe und Mord geht. Am häufigsten wird die folgende Überlieferung erzählt: »Vor vielen Hundert Jahren lebte auf der Frauensteiner Burg ein Burgherr mit seiner wunderschönen Tochter. Der Burgherr wollte seine Tochter nicht verlieren und wies jeden Ritter ab. Die Tochter verliebte sich jedoch in einen jungen Winzer aus dem Dorf und nach langem Flehen von ihm willigte sie ein, mit ihm zu fliehen.

Gespaltener Stamm der Blutlinde

Ihr Vater kam den beiden aber auf die Schliche und stellte sie. Ein Wort gab das andere und als dem wütenden Vater nichts mehr einfiel, zog er wortlos sein Schwert und stieß es dem jungen Mann in die Brust. Voll Jammer warf sich die Maid über den Toten, doch ihre Tränen vermochten ihn nicht mehr aufzuwecken. Da brach sie einen jungen Lindenzweig ab und steckte ihn in den blutgetränkten Boden, bevor sie in der Nacht verschwand und in einem Kloster Asyl fand. Die Linde wuchs zu einem stattlichen Baum heran und immer, wenn jemand einen Zweig abbrach, soll er blutige Tränen geweint haben, solange das Edelfräulein lebte. Daher der Name ›Blutlinde‹.«[35]

Leider gibt es bei dieser Sage ein Problem: Geht man davon aus, dass die Linde um das Jahr 1000 gepflanzt wurde, hätte zu dieser Zeit die Burg schon bestehen müssen. Die Familie der Frauensteins wird aber erst 1221 urkundlich erwähnt, die Linde wäre da schon über 200 Jahre alt gewesen. Eine andere Vermutung bezüglich ihres Namens ist, dass an der Linde Gericht gehalten wurde, wie es oft im Mittelalter geschah. Hinrichtungen führten wiederum zum Blutvergießen und könnten dem Baum die Bezeichnung Blutlinde eingebracht haben.[36]

Im Umweltamt Wiesbaden geht man indessen davon aus, dass die Linde auf keinen Fall über Tausend Jahre alt ist, etwas über 500 Jahre (zwischen 430 und 550 Jahre) scheint viel wahrscheinlicher. Wenn dem so ist, könnte die Geschichte von dem Burgfräulein und dem ermordeten Winzer so oder so ähnlich tatsächlich passiert sein.

Anfahrt / Standort: Frauenstein (Wiesbaden) – Ortsmitte. Neben der Kirche Sankt Georg und Katharina.

Rheingauer Gebück mit seinen Gebückbäumen

# Wanderung entlang der Landwehr

Hausen vor der Höhe

8 Ich freue mich auf den Wanderweg Rheingauer Gebück, der im Herbst 2000 eingerichtet wurde. Allerdings werde ich nicht die gesamten 50,4 Kilometer von Niederwalluf über Schlangenbad, durch das Wispertal, an der Kammerburg vorbei und nach Lorch gehen. Immerhin betragen der Aufstieg 1144 und der Abstieg 1156 Meter.[37]

Ich habe mir die Strecke von Hausen vor der Höhe in Richtung Mapper Schanze ausgesucht, um die Reste des Rheingauer Gebücks anzuschauen. Leider sind es nur noch Überbleibsel, doch man bekommt einen ungefähren Eindruck, wie das Gebück wohl ausgesehen hat.

Das Rheingauer Gebück bestand über mehrere Jahrhunderte, allerdings ist nicht genau bekannt, wann es angelegt wurde. In einer

Knorriger Wuchs der gebückten Bäume

Gebückbäume im Wolfsrück

Urkunde von 1347 gibt es den Hinweis, dass »die Grafen von Nassau als oberste Förster des Gebietes jagen dürften vom Rhein bis zu der ›Hecken‹ – womit das Gebück gemeint sein könnte. Dann muß es [das Rheingauer Gebück] zu dieser Zeit aber schon in großen Teilen bestanden haben«.[38] Sicher ist, dass es offiziell durch erzbischöfliches Dekret 1770 aufgegeben wurde.

Das Rheingauer Gebück war eine der »stärksten Landwehren des Mittelalters in Deutschland«[39] und sollte die Grenzen des Rheingaus sichern, der zu jener Zeit ein eigenständiges Staatsgebilde war, das der Oberhoheit des Erzstiftes Mainz unterlag. Um die Grenzen gegen Raubritter und feindlich gesinnte Heere und Banden schützen zu können, erfand man mit dem Gebück eine ganz spezielle Landwehr.[40] Dabei gingen die Bewohner des Rheingaus sehr geschickt vor: Sie pflanzten einen Streifen Hainbuchen und »bückten« (knickten oder bogen) einen Teil der Äste zur Erde, sobald die jungen Bäumchen groß genug dafür waren. So entstand im Laufe der Jahre eine undurchdringliche Hecke, die bis zu 50 Meter breit werden konnte. Unter den Bäumen wuchsen wohl auch Brombeeren, Schlehen und andere Sträucher, die die Hecke zusätzlich abdichteten.[41]

Da das Gebück seit über 240 Jahren nicht mehr besteht, ist es nur noch an wenigen Stellen sichtbar – so wie auf der Strecke von Hausen vor der Höhe zur Mapper Schanze.

Der Waldparkplatz beim Naturdenkmal Förster-Bitter-Eiche ist ein guter Einstieg. Dort gibt es ausführliche Informationen zum Rheingauer Gebück und eine Darstellung, wie es vor Hunderten von Jahren aussah. Die Wegbeschilderung mit dem Wanderzeichen der zwei gebückten Äste begleitet einen schon früh. Nach circa 20 Minuten komme ich zur Philips-Ruh, einer Bank, von der ein Stichweg rechts nach unten in den Wald hineinführt. Hier geht es zum Wolfsrück, wo sich der letzte noch vorhandene Bestand von Gebückbäumen befindet.

Ich bin neugierig. Wie werden die Bäume aussehen? Gibt es Hecken oder wird es ein dichter Wald sein? Ist überhaupt noch etwas zu sehen oder ist es nur eine Aufschüttung oder Ähnliches wie beim Limes, der hier in der Nähe verläuft?

Ich gehe den Weg hinunter, der an einem Holzzaun endet. Weiter darf man nicht wegen Bruchgefahr. Ich bin ein wenig enttäuscht. Zwischen den einzelnen Bäumen ist ein großer Abstand, von Hecken nichts zu sehen. Erst bei genauerem Hinschauen erkenne ich die Besonderheit und auch die Schönheit dieser Bäume: Durch die Bückung und das Miteinander-Verflechten zur Zeit des Rheingauer Gebücks bildete sich unten an den Stämmen ein knorriger Wuchs. Erst als das Gebück 1770 aufgegeben wurde, konnten die Bäume wieder in die Höhe wachsen.

Für das Rheingauer Gebück wurden überwiegend Hainbuchen genutzt, da diese sich leichter bücken ließen, aber auch Rotbuchen wurden verwendet. Nur letztere sind noch zu sehen, da sie langlebiger sind. Die großen Abstände zwischen den Bäumen dürften von den dornigen Sträuchern wie Brombeeren oder Schwarzdorn stammen, die längst abgestorben und verschwunden sind.[42]

Ich wünsche mir, ich könnte die Zeit zurückdrehen und das Gebück von damals sehen. Das dichte Wirrwarr an Ästen, Zweigen, Dornen und Stämmen muss beeindruckend, aber auch abschreckend gewesen sein. An manchen Stellen des undurchdringlichen Dickichts befanden sich Bollwerke, an denen Straßen durch das Gebück führten. Teilweise wurde sogar ein Graben vor dem Gebück angelegt, der sogenannte Landgraben.[43]

In dem Buch »Geheimnisvolles Hessen« von Gerd Bauer finde ich eine sehr schöne Beschreibung des Konstruktionsprinzips des Gebücks, 1790 aufgeschrieben von Pater Hermann Bär aus dem Kloster Eberbach: »Man warf [schnitt] die in diesem Bezirk stehenden Bäume in verschiedener Höhe ab, ließ solche neuerdings ausschlagen und bückte [bog] die hervorgeschossenen Zweige zur Erde nieder. Diese wuchsen in der ihnen gegebenen Richtung fort, flochten sich dicht ineinander, und brachten in der Folge eine so dicke und verwickelte Wildniß hervor, die Menschen und Pferden undurchdringlich war.«[44]

1984 in der Nähe der Mapper Schanze angelegte Rekonstruktion des Gebücks

Die Menschen von damals waren einfallsreich, das muss ich sagen. Ich bin froh, dass die Bäume so gut erhalten sind, sodass ich sie mir heute noch anschauen kann. Um die Bäume so lange wie möglich zu bewahren, hat die Forstverwaltung vor einiger Zeit beschlossen, sie unangetastet und ihrem natürlichen Tode entgegen wachsen zu lassen.[45]

Für die Förster-Bitter-Eiche auf dem Parkplatz ist derzeit geplant, die Unterschutzstellung aufzuheben, da es sich bei ihr um einen Ersatzbaum für das ursprüngliche Naturdenkmal handelt. Die Originaleiche war einem Sturm zum Opfer gefallen. Die heutige Eiche stand in der Nähe der Förster-Bitter-Eiche und wurde »auserkoren«, das alte Naturdenkmal zu ersetzen. Da die ursprünglich außerordentliche Bedeutung der Originaleiche jedoch nicht mehr besteht, läuft derzeit das Löschungsverfahren.[46]

Anfahrt: Ein guter Einstiegspunkt ist der Waldparkplatz rechts am Ortsrand von Hausen vor der Höhe an der Straße nach Kiedrich. Von dort ist der Weg zum Rheingauer Gebück ausgeschildert.

Landgrafeneiche

# Tot, aber wichtig

Bad Schwalbach

9 Nachdem ich mir die Blutlinde in Wiesbaden und die Rotbuchen im Rheingauer Gebück angeschaut habe, stehe ich nun Wochen später vor der Landgrafeneiche in Bad Schwalbach.

Während die Blutlinde blühte und an den Rotbuchen grünes Moos zu sehen war, überrascht die Landgrafeneiche durch ihr kahles Aussehen. Mit ihrem weißen Stamm fällt sie neben den blühenden Bäumen sofort auf. An manchen Stellen liegt zwar auch grünes Moos auf dem Stamm, doch es ist klar, dass die Landgrafeneiche nicht mehr lebt. Die toten Äste reckt sie nach oben, soweit es ihr noch möglich ist. Obwohl sie tot ist, strahlt sie mehr Leben aus, als die sie umgebenden Bäume. Vielleicht liegt es an ihrer Ausstrahlung nach einem langen Leben. Ich kann mir vorstellen, wie sie sich als kleiner Baum dem Licht entgegenstreckt, wie sie 100 Jahre später in voller Blüte steht und Spaziergängern und Wanderern im Sommer Schatten spendet … und wie sie schließlich 200 Jahre später stirbt und ihren Lebenszyklus vollendet.

Die Landgrafeneiche ist ein sogenannter Habitat- oder Biotopbaum, der mit seiner borkigen Rinde im Kronenbereich, mit dem Totholz, den Beulen und den Spechthöhlen einen besonderen Lebensraum für die Fauna des Waldes bietet; so wie im Übrigen auch die benachbarten Bäume. Der gesamte Baumbestand wird nicht mehr forstwirtschaftlich genutzt.[47] Die Landgrafeneiche wird dort so lange stehen, bis sie in sich zusammenfällt oder aus Sicherheitsgründen gefällt werden muss.

Es gibt nur wenige Habitatbäume. Bevor die hölzernen Giganten wirtschaftlich uninteressant werden, fallen sie der Säge zum Opfer. So sind viele Bäume nicht in der Lage, den natürlichen Zyklus aus Wachsen, Blühen und Sterben zu erleben. Und das birgt einige Probleme,

Hölzernes Naturdenkmalschild

denn gerade die alten und toten Bäume bieten einen Lebensraum für (gefährdete) Tierarten, darunter Spechte. Diese Bäume bilden einen Mikrokosmos, der erhalten werden muss.

Die Eiche wurde bereits mit Verordnung vom 9. Januar 1939 zum Naturdenkmal erklärt, warum genau, ist allerdings nicht ganz sicher. In einem alten Naturdenkmalbuch gibt es lediglich einen Hinweis auf den »Buchen- und Eichenaltholzbestand«[48].

Unbekannt ist auch das genaue Alter der Eiche, es wird aber von über 300 Jahren ausgegangen, während die sie umgebenden Bäume laut dem Bad Schwalbacher Forstamt im Durchschnitt 96 Jahre jünger sind.

Das Alter könnte auch erklären, warum das Naturdenkmal Landgrafeneiche heißt, denn bis Ende des 18. Jahrhunderts regierten Landgrafen in Bad Schwalbach. Vielleicht ist der Baum einst zu Ehren einer dieser Durchlauchten gepflanzt worden, vielleicht aber auch, um an die Zeit der Landgrafen zu erinnern.

Die Landgrafeneiche – ein Habitatbaum

Anfahrt: Die Landgrafeneiche befindet sich im Waldstück über Bad Schwalbach in Richtung Wiesbaden. Verlassen Sie Bad Schwalbach über die Rheinstraße in Richtung Wiesbaden (B 275), nach einer scharfen Linkskurve sehen Sie links ein Autohaus, auf der rechten Straßenseite ist ein Parkplatz. Hinter dem Autohaus führt ein asphaltierter Landwirtschaftsweg in den Wald hinein. Am Waldrand ist eine Grillhütte, 200 Meter weiter steht rechter Hand die Landgrafeneiche.

Bickenbacher Düne

# Kiefern, Sand und Kreuz-Enzian

Bickenbach

10 »Schmarotzer stehen nicht unter Naturschutz« – dieser Satz von Wolfgang Feiß, seit Juli 2014 ehrenamtlicher BUND-Naturschutzgebietsbetreuer der Bickenbacher Düne, fasst gut zusammen, worum es beim Naturschutz geht: den Pflanzen und Tieren zu helfen, die ortsansässig sind, und die Pflanzen zu entfernen, die sich hier ausgebreitet haben, deren Heimat aber eigentlich woanders ist.

So ist die Bickenbacher Düne beispielsweise kein Zuhause für Liguster, Flieder, Mahonie oder für den Weißdorn, genauso wenig wie für Brombeerhecken, die auf dem Boden zwar gut gedeihen, aber auch nicht hierher gehören. Aus diesem Grund treffen sich zweimal im Jahr Mitglieder des BUND und des NABU an der Düne und entfernen meist in mühevoller Handarbeit diese unerwünschten Pflanzen; größere Maschinen können auf dem sandigen Gelände nicht direkt eingesetzt werden. Ein- bis zweimal im Jahr führt ein Schäfer seine Herde über die Düne, die das Obergras frisst und so dem Untergras Platz macht. Hin und wieder werden auch Esel zur Beweidung eingesetzt.

Der Grund, warum sich Brombeerhecken oder der Weißdorn hier immer wieder ansiedeln, ist der erhöhte Stickstoffgehalt in der Luft, der durch die Industrie und Autoabgase entsteht. Das führt dazu, dass der Nährstoffgehalt im Boden sehr hoch ist und sich dort Pflanzen niederlassen, die auf dem Sandboden der Düne sonst eigentlich nicht genügend Nahrung finden würden, um zu gedeihen.

Der Boden ist wirklich wie feiner Sandstrand, der unter der trockenen Oberfläche feucht ist. Jetzt fehlt nur noch die Sonne und ich würde mich fühlen, als ob ich am Strand wäre. Der Sand reicht 18 Meter tief, dann kommt Felsen. Damit hatte ich nicht gerechnet. Wie tief sind 18 Meter? Stadtbusse sind circa 13 Meter lang – also noch einmal fünf Meter draufgeben, erst dann würden wir auf Gestein stoßen.

Bickenbacher Düne mit ihren Kiefern

Ich habe heute Gelegenheit, mit dem Ehepaar Feiß die Bickenbacher Düne kennenzulernen und bin überrascht, dass es tatsächlich eine Düne mit zahlreichen Kiefern in Hessen gibt.

Doch wie kommt die Düne nach Bickenbach? Zum Ende der letzten Eiszeit (vor etwa 10.000 Jahren) wurde vom Fluss angeschwemmtes und vor einem Felsriegel nördlich von Oppenheim (Nackenheimer Schwelle) aufgestautes Material aus den Alpen in verlandeten Altrheinarmen abgelagert. Das wurde wiederum von Westwinden ausgeblasen und hat sich vor den ansteigenden Hängen des Odenwaldes in Schichtstärken von bis zu 18 Metern abgesetzt. Es entstanden diese Dünen, die früher sehr große Bereiche abdeckten.

Ab dem Hochmittelalter wurden im Raum Bergstraße größere Waldgebiete gerodet, um Flächen für Waldweiden und Streunutzung zu schaffen. Die in Jahrtausenden verfestigten Dünen kamen dadurch in Bewegung und Pflanzenarten der Sandflächen, die die vorangegangenen waldreichen Perioden an exponierten Stellen überdauert hatten, konnten sich wieder ausbreiten. Mindestens vom 15. bis zum Beginn des 20. Jahrhunderts wurden diese Flächen extensiv bewirtschaftet und mit Schafen, Rindern und Pferden beweidet. Der um 1860 eingeführte Spargelanbau in der Region führte zu einem starken Rückzug der naturnahen Sand-Ökosysteme und begrenzte das Auftreten der charakteristischen Sand-Pflanzenarten auf kleine Vorkommen. Die restlichen Binnendünen haben zwar einen ungewöhnlichen Artenreichtum, sind aber stark gefährdet.[49]

Die Bickenbacher Düne erstreckt sich auf circa 7000 Quadratmetern und ist nicht nur Naturdenkmal, sondern auch ein Naturschutzgebiet. Das bedeutet, dass die Düne nicht eingezäunt werden darf, was Helga Feiß und auch ihr Mann ein wenig bedauern: »In einem Naturschutzgebiet müssen Hunde an die Leine genommen werden, was viele Hundehalter allerdings nicht tun, wenn sie den schmalen, kurzen Pfad durch die Bickenbacher Düne nehmen. Die Tiere laufen dann durch die Düne und können so das sensible Ökosystem verletzen.« Das mag sich für viele Hundebesitzer kleinlich anhören, doch ich höre dies nicht zum ersten Mal. Wenn Hunde beispielsweise in einem Tümpel im Naturschutzgebiet baden, können sie nicht nur Dreck hineintragen, sondern auch den Laich von Fröschen zerstören, eine Gefahr, die in dem Flachmoor bei Hausen besteht. Oder sie schrecken im Gras brütende Vögel auf. Doch was für Hunde gilt, gilt natürlich genauso für uns Menschen. Auch wir sollen in einem Naturschutzgebiet die vorgegebenen Wege nicht verlassen, um das sensible System nicht zu gefährden oder zu verletzen – und die Bickenbacher Düne ist ein solches sensibles System. Hier finden sich geschützte Pflanzen wie der Kreuz-Enzian, für den ich bei

Kreuz Enzian

Sand-Silberscharte

Sand-Veilchen

meinem ersten Besuch Mitte April leider ein wenig zu früh bin. Dafür habe ich im Juli Glück: Ich sehe ihn vereinzelt auf der Düne und freue mich an den blauen Farbtupfern.

Neben der Sand-Silberscharte sind hier das Steinkraut und das gewöhnliche Nadelröschen beheimatet, das Sand-Veilchen und das Haar-Pfriemengras.[50] Hier wächst auch der Wildspargel (auch Stechender oder Spitzblättriger Strauchspargel genannt), dessen junge Triebe man gut im Salat essen kann. Er schmeckt übrigens leicht nussig. Wildspargel können Sie in Gärtnereien für Ihren eigenen Garten kaufen, wenn Sie ihn mal probieren möchten.

Vor einigen Jahren bereitete der Blaue Kiefernprachtkäfer große Probleme und so fielen ihm einige der Kiefern auf der Düne zum Opfer. Die Käfer-Weibchen krochen unter die Rinden und legten ihre Eier in den Ritzen oder Gruben ab, die sie in die Rinde genagt hatten. Die aus den Eiern geschlüpften Larven nagten mit zunehmendem Wachstum breiter werdende Gänge, die vorwiegend unter der Rinde, aber auch im Holz verliefen. Folge war die Störung des inneren Wasserzyklus und so verfaulten viele Bäume von innen heraus. Nur ein bis zwei der toten Kiefern blieben als Habitatbäume für Insekten, Vögel und holzabbauende Pilze stehen, die übrigen wurden gefällt.

Gewöhnliches Nadelröschen

Schwarzkolbiger Braun-Dickkopffalter

Am Rand der Düne befindet sich an manchen Stellen eine Benjeshecke, auch Totholzhecke genannt, die von Hermann Benjes Anfang der 1980er Jahre entwickelt wurde. Bei Hecken dieser Art werden Äste, Zweige und Reisig (Gehölzschnitt) locker durcheinander als Haufen oder Streifen in Form eines Walls gestapelt oder abgekippt. Hecken sollen somit nicht durch eine Neuanpflanzung, sondern durch Windanflug und Samen aus dem Kot rastender Vögel aufgebaut werden. Das locker gelagerte Totenholz dient einerseits dem Schutz heranwachsender Pflanzen, andererseits bietet es einen unmittelbaren Lebensraum für zahlreiche Vogelarten, Kleinsäuger und Insekten.[51]

Die Bickenbacher Düne ist seit Februar 1954 Naturdenkmal und wurde aufgrund der dort vorkommenden schützenswerten Lebensräume und Arten zudem als europäisches Natura-2000-Gebiet ausgewiesen.[52]

Anfahrt: Die Bickenbacher Düne befindet sich direkt neben der Bundesstraße 3, außerhalb von Bickenbach, etwa 180 Meter südlich der Kreuzung mit der Landstraße 3103 (Seeheim – Pfungstadt). Es gibt dort einen kleinen unbefestigten Parkplatz.

Flachmoor bei Hausen

# Ein verstecktes Kleinod

Obertshausen

11 »Es ist ein Kleinod!«, erklärt Frau Ulrike Schmittner von der Unteren Naturschutzbehörde Kreis Offenbach – und dem kann ich nur zustimmen. Ich habe heute Gelegenheit, mit ihr, ihren Kollegen und dem Förster durch das Flachmoor bei Obertshausen/Lämmerspiel zu gehen. Und auch ich bin von dem Moor begeistert.

Nur wenige Meter von der Straße entfernt, kurz hinter dem Waldrand befindet sich auf circa 4,18 Hektar ein Flachmoor, das seit 1992 ein Naturdenkmal ist. Hin und wieder wird die Ruhe durch vorbeifahrende Autos oder Flugzeuge auf ihrem Weg vom oder zum Frankfurter Flughafen unterbrochen. Ein leichter Wind weht durch die Gräser und Äste, manch ein Regentropfen läuft mir den Nacken herunter, als ich tief gebückt unter den Bäumen am Rand des Moores

Das Hausener Moor

hindurchgehe. Es hat am Tag vorher heftig geregnet und der Boden ist feucht. Manchmal versinke ich mit einem Fuß in der Erde und ziehe ihn mit dem typischen Schmatzer wieder heraus. Das ist gar nicht so einfach, schließlich soll der Schuh noch am Fuß bleiben.

Ulrike Schmittner und ihre Kollegen wollen sich heute ansehen, wie sich das Moor über die Jahre entwickelt hat und was es zu tun gibt. Die letzten zehn Jahre wurde am Moor nicht viel getan, im Grunde wurde es sich selbst überlassen. Deswegen freut sie sich umso mehr, dass es nicht völlig zugewuchert ist. »Dann müssen wir nicht so viel Arbeit reinstecken, das ist schon mal gut.«

Entstanden ist das Moor aufgrund der wasserundurchlässigen Lehmschichten. Durch einen frühen Lehmabbau entstanden zahlreiche Gruben verschiedener Größen, in denen fast das ganze Jahr über Wasser steht.[53] Das Lehmvorkommen war nie sehr hoch, daher wurde der Rohstoff hier nicht industriell abgebaut. Es wurde vermutlich immer dann »ins Moor gegangen«, wenn man Lehm für den Hausbau oder Ähnliches brauchte.[54]

Wann genau der Abbau eingestellt wurde, ist nicht bekannt, doch mit seinem Ende konnten sich auf dem nassen Boden neben Moosen und Binsen zahlreiche Pflanzen, die auf der Roten Liste der gefährdeten Pflanzenarten stehen, ansiedeln: die Blasen-Segge, das Schmalblättrige Wollgras und das Blutauge. In der 1,14 Hektar großen Kernzone wachsen 48, in den Randzonen weitere 60 Pflanzenarten. Jetzt im März blüht noch nicht viel, dafür gibt es überall Torfmoos, das in großflächigen Mischbeständen von Täuschendem und Sumpf-Torfmoos auftritt. Es sind auch einige dünne Kiefern- und Buchenbäumchen zu sehen. Die sollen allerdings entfernt werden, um den ortsansässigen Pflanzen und Tieren mehr Platz zur Entfaltung zu geben. In einigen Tümpeln ist Froschlaich zu sehen.

Bis in die 2000er Jahre gab es Meldungen, man hätte Sonnentau im Moor gesehen. Allerdings braucht diese Pflanze sehr viel Licht, bei Schatten verschwindet sie sofort wieder. Darüber hinaus ist der Sonnentau sehr klein und braucht offenen, schütter bewachsenen Bo-

Torfmoos

den,[55] den es im Moor eigentlich nicht gibt. Deswegen kann nicht mit Sicherheit gesagt werden, ob der Sonnentau hier tatsächlich wächst oder ob es ihn jemals gab. Aber wie formuliert es Koloman Stich von der Unteren Naturschutzbehörde: »Die Natur überrascht einen zum Glück immer wieder.«

Moore sind wertvolle Biotope, da sie für viele unterschiedliche Pflanzen und Tiere Lebensraum beziehungsweise Rückzugsort sind. Darüber hinaus spielen sie eine wichtige Rolle im Landschaftswasserhaushalt, denn sie können große Mengen an Wasser speichern. Und Moore sind wichtige Kohlenstoffspeicher. Beinahe die Hälfte des als Kohlendioxid in der Atmosphäre vorhandenen Kohlenstoffs wird von Mooren gebunden.[56]

Trotz ihrer Bedeutung sind Moore stark gefährdet. So hat der Mensch ihnen bereits über Jahrhunderte Lehm für den Häuserbau entnommen und den Torf als Brennstoff genutzt. Kritisch wurde es allerdings, als der Mensch lernte, wie man Moore entwässert und austrocknet, um Weideland und Ackerflächen zu gewinnen. Im Laufe der

Das Moor glitzert in der Sonne

Jahrhunderte verschwanden so immer mehr Moore und der Raubbau dauert bis heute an, um Torf billig in Bau- und Gartenmärkten als Düngemittel zu verkaufen.[57]

Wie soll es mit dem Flachmoor bei Hausen weitergehen? Wie sehr soll öffentlich gemacht werden, dass es hier ein Flachmoor gibt? Was ist, wenn Menschen durch das Moor gehen und dabei auf die kleinen Pflanzen treten, im Wasser versinken, Äste abbrechen oder Torfmoos herauszupfen, um zu testen, wie es sich anfühlt? Wie kann verhindert werden, dass Hunde in den kleinen Tümpeln baden und dabei Froschlaich zerstören oder andere Kleintiere verscheuchen?

»Wir dürfen es der Öffentlichkeit nicht vorenthalten«, ist sich Ulrike Schmittner mit ihren Kollegen einig, »denn schließlich ist das Moor etwas Besonderes, doch wir müssen aufpassen, dass die Leute es nicht betreten.« Dementsprechend wird überlegt, eine Tafel mit Erklärungen am Waldrand aufzustellen und Naturdenkmal-Schilder zu befestigen. Derzeit wird das Moor neu kartiert; sobald Ergebnisse und Verbesserungsvorschläge vorliegen, beginnen die Pflegearbeiten.[58]

Mit einem letzten Rundgang verabschieden wir uns vom Moor und freuen uns alle, dass es noch prima erhalten ist. »Es ist gut, dass sich die Natur vom Menschen erholt«, kommentiert Kolomann Stich passend.

Anfahrt: Das Flachmoor befindet sich am Ortsrand von Lämmerspiel, im Waldstück an der Straße von Lämmerspiel nach Obertshausen. Ein Spazierweg, von dem man einen guten Blick auf das Moor hat, führt daran vorbei. Es gibt jedoch keine direkten Wege zum oder durch das Moor. Wegen des sensiblen Ökosystems darf es nicht betreten werden, Hunde dürfen dort nicht frei herumlaufen.

Apostellinde

# Eine Linde unter einem anderen Namen

Aarbergen-Michelbach

12 Die Friedhofslinde wurde 1752 von dem Lehrer Johann Peter Klährn gepflanzt. Zu jener Zeit war es für jeden Schulmeister Pflicht, bei der Anstellung einen Baum zu pflanzen. So steht es auf dem Schild neben der Friedhofslinde in Michelbach, doch leider ist diese Information nicht ganz vollständig. In der Schulchronik der Grundschule Michelbach steht nämlich noch: »ohngefähr um das Jahr 1752«[59].

Einige vermuten, dass die Linde von Peter Klährn als 10- bis 12-jähriger Setzling gepflanzt wurde. Das wird von Fachleuten bezweifelt, denn eine Linde in dem Alter hätte schon eine stattliche Höhe mit einem sehr ausgeprägten Wurzelwerk. Die Linde auszugraben und

Apostellinde auf dem Michelbacher Friedhof

dann wieder einzusetzen wäre nur mit Spezialgerät möglich gewesen, was es wahrscheinlich vor über 250 Jahren noch nicht gab. Aber ganz gleich, wann die Linde nun tatsächlich auf dem Friedhof gepflanzt wurde: Sie ist mittlerweile über 260 Jahre alt.

Ob Peter Klährn sich damals gedacht hat, dass sein Baum mehr als ein Vierteljahrtausend später immer noch steht? Hat er mit ihr den Wunsch verbunden, hier in Michelbach eine Heimat zu finden, eine Familie zu gründen, Kinder zu haben? Kümmerte er sich während seiner Berufszeit um die Linde? Wurde sie in trockenen Zeiten von ihm gewässert oder wurde der Setzling in den kalten Wintern mit einem Sack bedeckt, um sie zu schützen? Gibt es vielleicht noch Nachfahren von Peter Klährn in der Gegend? Leider wissen wir von ihm (derzeit) nicht viel, aber er wird immer mit der Linde in Verbindung stehen, die offiziell als Friedhofslinde bezeichnet wird und seit 1986 ein Naturdenkmal ist. Schutzgrund: Ortsbildprägender, schöner Baum mit eigenwilligem Habitus und landeskundlichem Bezug zum Friedhof.[60]

Der »eigenwillige Habitus« – wie es so nett formuliert ist – beschreibt leider nicht annähernd, wie die Linde sich mittlerweile entwickelt hat: Schon früh teilt sich ihr dicker Stamm und zwölf Verzweigungen (zwölf Hauptäste, sogenannte Ramifikationen) strecken sich weit zur Seite und nach oben. Wenn sie im Sommer blüht, wirft sie ihren Schatten weit über die Friedhofswege hinaus.

Dennoch dominiert die Linde für mich nicht den Friedhof, sondern fügt sich wundervoll in die Umgebung ein. Das liegt vielleicht auch an der alten Wehrkirche, die hinter dem Baum steht und mit ihrem Turm aus dem 12. Jahrhundert die Linde ein wenig überragt. Die Wehrkirche, die heute als Trauerhalle genutzt wird, und die Linde geben ein sehr harmonisches Bild ab.

Bekannt ist die Friedhofslinde als Apostellinde, wobei allerdings nicht bekannt ist, woher die Bezeichnung kommt. Vielleicht erinnerten die zwölf Hauptäste einen Pfarrer an die zwölf Apostel und ihm fiel der Name »Apostellinde« ein. Diesen nutzte er dann in Gesprä-

»Eigenwilliger Habitus« der Apostellinde

chen, vielleicht auch in seinen Predigten, und so verbreitete sich der Name unter den Kirchgängern, die ihn weitertrugen.

Ich stehe unter dem Baum und blicke durch seine Äste in den Himmel. Zu allen Jahreszeiten »begleitet« er nun schon die Verstorbenen auf ihrem letzten Gang: Im Winter, wenn die kahlen Äste die Linde dürr aussehen lassen. Im Frühjahr, wenn die Knospen anfangen zu sprießen. Im Sommer, wenn sie in der Blüte steht. Im Herbst, wenn sie ihre Blätter verliert und diese den Boden bedecken. Der Kreislauf erinnert an den des Lebens: Aufwachen, Blühen, Sterben.

Ob das anderen Friedhofsbesuchern auch auffällt? Jedenfalls versammeln sich im Sommer unter ihr die Trauernden bei Beerdigungen, um so der heißen Sonne zu entgehen, wie mir der ehemalige Ortspfarrer Georg Schmidt erzählt. Hinsetzen können sie sich leider nicht. Früher war der Stamm mit einer Holzbank eingefasst, die es aber nicht mehr gibt. Schade, es wäre schön, im Sommer auf einer Bank unter der Linde Zeit für sich zu finden oder als Trauernder an die Verstorbenen zu denken.

Zur Linde gibt es eine schöne Geschichte, in der die niederländische Königinmutter Wilhelmine vorkommt:

1960 soll die niederländische Königin-Mutter Wilhelmine im Auto durch das Aartal gefahren sein und dabei habe sie der Kirchberg mit der alten Kirche und der schönen Linde besonders angesprochen. Sie habe angeordnet, was dann zwei Monate später geschehen sei: Auf ihr Geheiß sei ... ein Beauftragter des königlich-niederländischen Hofes nach Michelbach-Nassau gekommen, und er habe der alten Linde am Kirchberg einen Sämling entnommen, um ihn in den königlichen Gärten einzupflanzen.[61]

Ob es sich tatsächlich so abgespielt hat?

Anfahrt: Die Apostellinde befindet sich auf dem Friedhof in Aarbergen-Michelbach (an der Kirchstraße), der oberhalb der evangelischen Kirche liegt. Hinter einer scharfen Linkskurve gibt es rechts einen Schotterparkplatz.

Herrgottsberg und Goethefelsen

# Auch der Teufel war hier

Darmstadt

⑬ Der Hergottsberg am Rand von Darmstadt ist Teil des Bessunger Forsts und steht aufgrund seiner Flora und Fauna unter besonderem Schutz: Er ist Natura-2000-Gebiet, Flora-Fauna-Habitat (FFH) und ein Naturdenkmal, auf dem sich ein zweites Naturdenkmal befindet: der Goethefelsen. Den möchte ich mir ansehen und so starte ich am Waldparkplatz Moosberg. Der Herrgottsberg mit Goethefelsen ist ein mit Laubgehölzen bewachsenes Areal südlich des Böllenfalltors. Der nördliche Teil besteht aus dunklen Kalksilikathornfelsen, der südliche Teil aus Uraltdiabas.[62]

Ich folge dem Wanderweg 1 und erlebe erst einmal Kunst: Alle zwei Jahre stellt der Internationale Verein für Waldkunst auf dem Hergottsberg aus. Die letzte Schau war 2016 und die Kunstobjekte sind noch zu sehen. Am besten gefallen mir ein hölzernes, in der Luft hängendes Märchenschloss – ein Luftschloss im wörtlichen Sinn – und hölzerne Füße, die im Kreis gehen, was sehr witzig aussieht.

Der Wanderweg 1 führt am Rand des Herrgottsbergs entlang und lässt nur erahnen, wie groß das Gebiet ist. Der Berg mit dem Goethefelsen gehört seit 1983 zu den Naturdenkmalen und ist im Grunde ein Teil der Entwicklungsgeschichte der Erde: »Vor etwa 360 Millionen Jahren waren die Landmassen in zwei Großkontinenten vereint, dazwischen lag ein mit ›Inseln‹ (Mikrokontinenten) durchsetzter Ozean. Eine dieser ›Inseln‹ war der Ur-Odenwald (Armorica), der aus überprägten Ablagerungsgesteinen aufgebaut war. Als die Kontinente kollidierten, befand sich der Ur-Odenwald in der Kollisionszone, was zu einer starken Beanspruchung und Umwandlung führte. Die hohen Drücke und Temperaturen führten in vielen Kilometern Tiefe zu Gesteinsschmelzen, die in die alten Gesteinsserien eindrangen. Die Gesteinsschmelzen erstarrten in der Erdkruste zu riesigen

Tiefengesteinskörpern, die heute im Kristallinen Odenwald an der Erdoberfläche sichtbar sind.«[63]

Was den Hergottsberg betrifft, bedeutet das: »Der Druck der Kontinentkollision und die etwa 1000 Grad heiße Gesteinsschmelze, die hier vor etwa 360 Millionen Jahren in die Erdkruste drang, haben das umgebende Gestein stark verändert. Neben sichtbarer Deformation kam es dabei auch zu typischen Mineralumwandlungen. So entstand aus kalkhaltigen Ablagerungsgesteinen ein Kalksilikatfels, der seltene Minerale enthalten kann. Die Amphibolite [sehr vereinfacht ausgedrückt: Gesteinsgemische, Anm. der Red.] sind unter hohem Druck und Wasserzutritt aus alten basaltischen Gesteinen entstanden. Mit fortschreitender Kollision der Kontinente bildeten sich vor etwa 340 bis 320 Millionen Jahren darüber hinaus Gesteinsschmelzen mit höheren Erdkrusteanteilen, die in Form von Tiefengesteinskörpern und Ganggesteinen in die Erdkruste eindrangen und als Diorite, Granodiorite und Granite auskristallisierten. Die Gesteine am Herrgottsberg bilden demnach eine mehrphasige Entstehungsgeschichte ab und sind Zeugen der Kollision zweier Großkontinente im Erdaltertum.«[64]

Während ich weiter dem Wanderweg folge, ist diese geologische Entwicklung für mich nicht offensichtlich. Ich genieße einfach die Ruhe und den Spaziergang durch den Wald.

Der Weg führt zu einem Abenteuerspielplatz. Hier müsste eigentlich auch der Goethefelsen sein, doch nichts ist zu entdecken. Ich sehe zwar einen kleinen Felsenhügel, aber das ist er eindeutig nicht. Allerdings lädt er zum Erklimmen und Betrachten der Umgebung ein. Oben angelangt, schaue ich auf die andere Seite und da ist er, der Goethefelsen. Ich gehe seitlich hinunter und bleibe dann vor ihm stehen. Die Plakette darauf ist deutlich sichtbar: »Hier dichtete Johann Wolfgang Goethe im Mai 1772 im frohen Kreise seiner Darmstädter Freunde und Freundinnen den ›Fels-Weihegesang an Psyche‹, 1871.«

Der Goethefelsen steht allein, erhoben über einem Abgrund. Er erinnert daran, dass sich hier ein Steinbruch befand. Dieser wurde im

Die Teufelsklaue mit Goethe-Plakette

18. Jahrhundert vom Landgrafen Ernst Ludwig betrieben und ausgeschlachtet, bis durch den Abbau stark zerrüttete Gesteinsabschnitte erreicht wurden – so wird es jedenfalls vermutet. Bis wann der Steinbruch genau genutzt wurde, ist nicht bekannt.

Mit viel Fantasie ähnelt der Goethefelsen einem Pferdehuf, weshalb er oft auch Teufelsklaue, manchmal auch Teufelskralle, genannt wird – schließlich soll der Teufel ja zumindest einen Huf gehabt haben. Der Name Teufelsklaue geht auf die Sage zurück, dass der Teufel einmal zum Hergottsberg kam und sah, wie die Einwohner dort etwas bauten. »Was das denn sei«, fragte er. Als Antwort bekam er:

Goethe-Plakette

»Ein Wirtshaus, um den Pfarrer zu ärgern.« Tatsächlich bauten sie die Martinskapelle, die es heute nicht mehr gibt. Der Teufel war über den Bau eines Wirtshauses natürlich begeistert und half fleißig, sodass innerhalb von wenigen Tagen das Gebäude fertiggestellt war. Während der Teufel sich im Anschluss auf nach Bessungen machte, um dort etwas zu trinken, brachte der Baumeister ein Kreuz an. Als der Teufel zurückkam und dies sah, wurde er so wütend, dass er einen großen Felsbrocken in Richtung Kirche warf, sie jedoch verfehlte. Dieser Fels soll die Teufelsklaue sein.[65]

Ob Goethe hier tatsächlich den »Fels-Weihegesang an Psyche« verfasste, ist nicht ganz sicher. Es gibt Vermutungen, dass er das Gedicht an dem sogenannten Gervinus-Stein schrieb, einem Stein, der südwestlich der Salzlackschneise liegt.

**Anfahrt:** Die Einfahrt zum Parkplatz Moosberg befindet sich genau neben der Einfahrt zum Polizeipräsidium Darmstadt. Von dort führt der Wanderweg 1 zum Goethefelsen. Am Parkplatz finden Sie eine Tafel mit den ausgewiesenen Wanderwegen.

Eichengruppe am Teich

# Wie Artus' Ritter der Tafelrunde

Usenborn (Ortenberg)

14 Stolz und erhaben stehen die zwölf Eichen um den Teich herum, geradezu ruhig und »gelassen«, als ob sie wüssten, was um sie herum auf der Welt passiert, gleichzeitig aber wissend, dass man den Dingen manchmal einfach seinen Lauf lassen muss. Irgendwie wird es weitergehen, denn es geht immer weiter.

Das ist mein erster Eindruck, als ich am Teich stehe und mir die Bäume ansehe. Sie erinnern mich an König Artus' Ritter der Tafelrunde, wie man es von Bildern kennt. Die Eichen stehen in so gleichmäßigen Abständen nebeneinander, dass ich sofort die Eigenart eines jeden Baumes sehe. Gleichzeitig bilden sie eine Gruppe: allein, aber dennoch gemeinsam. Nicht nur an Land, sondern auch auf dem Was-

Einige der Eichen am Teich

ser wird das sichtbar: Es ist sehr windstill und selbst ihr Spiegelbild bildet diese Zusammengehörigkeit ab.

Die Eichen mit ihren dicken Stämmen und den ausladenden Ästen ähneln sich alle sehr, dennoch hat jede für sich ihre kleinen Besonderheiten: Die Wurzeln eines Baumes liegen offen und ich kann sehen, wie dicht verzweigt sie sind, der Stamm einer anderen Eiche ist leicht gebogen, die dritte Eiche hat eine ausladende Krone. Die Eichengruppe steht zwischen dem Hof und dem Forsthaus Luisenlust auf einer kleinen Anhöhe, von der man über das Tal schauen kann.

Früher waren es 13 Eichen, von denen allerdings nur noch diese zwölf stehen. Wie alt sie sind, ist leider nicht bekannt. Seit 1986 gehören sie zu den Naturdenkmalen, weil sie als landschaftsprägend gelten. Dem kann ich nur zustimmen. Umgeben von Feldern stehen sie allein hier oben und dominieren die Anhöhe durch ihre reine Anwesenheit. Ich gebe es zu: Sie gehören zu meinen Lieblings-Naturdenkmalen.

**Anfahrt:** Von Hirzenhain kommend auf der L 3183 in Richtung Gelnhaar befindet sich die Eichengruppe linker Hand. Der asphaltierte Landwirtschaftsweg zum Hof Luisenlust führt an ihnen vorbei.

Eichen spiegeln sich im Wasser.

Kopfsteine

# Hinkelstein wie bei Asterix und Obelix

Kassel-Calden

⑮ Schon von Weitem sind die Kopfsteine (Koppensteine) zu sehen: Auf einer kleinen Anhöhe steht der größere der beiden nahezu frei und sieht fast wie einer der Hinkelsteine aus, die Obelix in den Asterix-und-Obelix-Heften mit sich herumträgt.

Allerdings ist dieser Stein hier und auch der zweite, leicht seitlich versetzte Kopfstein, der durch einen Baum zum Teil verdeckt wird, über zehn Millionen Jahre alt – und damit sehr viel älter als unsere beiden Gallier.

Die beiden Steine sind Basaltstelen (stehengebliebene Schlote) und stehen auf einer Basaltkuppe mit Felsflur und Magerrasen (circa 0,72 Hektar), am Fuß des kleinen Hügels wachsen Apfelbäume (Streuobst). Beweidet wird diese Fläche durch Schafe.[66]

Je näher ich den Steinen komme, umso mehr fällt mir auf, wie groß die freistehenden Basaltstelen tatsächlich sind: Der größere ist circa fünf Meter hoch. Entstanden ist ihre Säulenform, als die durch den Vulkanismus geförderte Lava das kühlere Oberflächengestein berührte und dadurch abgeschreckt wurde.[67] Das den tertiären Basalt umgebende weichere Material, darunter Muschelkalk und Tuffstein, wurde und wird auch heute noch durch Erosion abgetragen.[68]

Die Steine sind an manchen Stellen bemoost, es wachsen sogar kleine Gräser auf ihnen. Besonders der größere von beiden hat viele Einschlüsse und die typischen kleinen Basaltsäulen.

Der Hügel, auf dem die Steine stehen, ist mit Magerrasen bedeckt. Hierbei handelt es sich um unterschiedliche Typen von extensiv genutztem Grünland, die – wie der Name schon sagt – besonders nährstoffarm, »mager« sind.[69] Auf Magerrasenflächen war es früher kaum möglich, Weidetiere erfolgreich zu mästen, auch wenn die Menschen den Boden intensiv bewirtschafteten, da die Flächen vornehmlich licht- und wärmebedürftige, Trockenheit ertragende und weidefeste Pflanzenarten trugen.[70]

Noch vor wenigen Jahrhunderten waren Magerrasen weit verbreitet, heute wachsen auf den meisten von ihnen Nadelgehölze und nur noch wenige Menschen wissen, warum Magerrasen so interessant sind. Diese offenen Flächen sind wie lebende Museen, in denen sich die Kulturgeschichte und die Überlebensstrategien vergangener Generationen widerspiegeln. Uralte, oft verkrüppelte Obstbäume lassen noch erahnen, wie die Menschen versuchten, auf diesem Boden Obst anzubauen und ihre Wintervorräte zu ergänzen.

Obwohl der Name es kaum vermuten lässt, sind Magerrasen von einer besonderen Schönheit. Ihre weiten Flächen bilden einen anziehenden Kontrast zu geschlossenen Wäldern und laden zum Spazierengehen oder Wandern ein. Darüber hinaus hat man vor allem auf Bergkuppen einen wunderbaren Fernblick, da keine Bäume im Weg sind.

Und schließlich bieten Magerrasen vielen unterschiedlichen Arten ein Zuhause, wobei nicht nur die Tiere und Pflanzen von Magerrasen profitieren, die dort ohnehin beheimatet sind, sondern auch Arten, die ursprünglich auf Äckern lebten und sich nun hier angesiedelt haben. Bei den Kopfsteinen haben beispielsweise die Heil-Ziest und die Pfirsichblättrige Glockenblume ihren Lebensraum, ebenso wie der Braune und der Gemeine Grashüpfer, der Nachtigall-Grashüpfer oder die Gewöhnliche Strauchschrecke.[71]

Zu Füßen der Koppensteine befindet sich der Oppergrund (Opfergrund). Hier könnte es vor circa 2000 Jahren eine chattische Kult- und Opferstätte gegeben haben, was allerdings nicht sicher ist. Im Quellgebiet der Nebelbeeke unterhalb der alten Flur Fürsten lag südwestlich die Wüstung Zopfenhagen, ein in der Vergangenheit aufgegebener Hof oder Einzelort, was auf eine frühgeschichtliche Siedlung schließen lässt.[72]

Der große Koppenstein

Anfahrt: Fahren Sie zum Sportplatz von Kassel-Calden (Kopfsteiner Weg), der sich am Ortsrand von Calden befindet; dort können Sie Ihr Auto parken. Folgen Sie von hier aus dem asphaltierten Weg, der vom Sportplatz weiter geradeaus führt. Die Kopfsteine sind bereits vom Sportplatz aus zu sehen.

Dicke Linde

# Standfest über Jahrhunderte

Bermoll

16 Die »Dicke Linde« oder »der dicke Baam«, wie sie ein wenig liebevoll von Roland Krumm, dem 1. Vorsitzenden des Arborner Heimatvereins genannt wird, steht am Ortsrand von Bermoll, an der Straße in Richtung Großaltenstädten, leicht nach hinten versetzt; ein Holzschild weist den Weg.

Am Anfang erscheint mir die Linde als nichts Besonderes, was wohl zum Teil daran liegt, dass die grünen Blätter ihre Ausmaße verdecken. Im Gegensatz zu vielen anderen Linden, die ich gesehen habe, darunter die Apostellinde in Michelbach, strecken sich ihre Äste eher in die Höhe als in die Breite und sie wirkt von Weitem kleiner und gedrungener.

Das ändert sich jedoch, als ich mich ihr nähere. Die Linde ist circa 19 Meter hoch und hat einen Umfang von circa 9,35 Metern (Stand 2014),[73] wobei es besonders reizvoll ist, sie sich von innen anzusehen. Die Dicke Linde ist innen hohl – und das schon seit Ende der 1950er Jahre. Manche vermuten, dass Sturm und ein Blitzschlag zu dieser Aushöhlung führten,[74] wahrscheinlicher ist aber, dass es sich um einen natürlichen Verwitterungsprozess handelt, der von einem Blitzschlag oder einem Sturm beschleunigt wurde.[75] Trotz ihres ausgehöhlten Stamms zählt sie auch heute noch zu den dicksten Bäumen Deutschlands.[76]

Eigentlich ist es ein Wunder, dass die Linde noch steht, denn es sieht aus, als ob sie nur noch aus der Außenrinde bestehen und das komplette Innere des Stammes fehlen würde. Eine Luftwurzel scheint zusätzlichen Halt zu geben sowie im Stamm befestigte Stahlstangen. Letztere verhindern gleichzeitig, dass Menschen in den Hohlraum steigen. Es ist tatsächlich vorgekommen, dass Personen im Innern der Linde ein Feuer anzündeten. Wie kommt man nur auf eine solche Idee?

Der hohle Stamm der Dicken Linde

Wie alt die Linde ist, kann aufgrund des fehlenden Innenstammes nur schwer geschätzt werden. Etwas über 500 Jahre gilt als wahrscheinlich. Das bedeutet, die Linde stand schon, als die Bevölkerung im Land unter den Kämpfen und Raubzügen im Dreißigjährigen Krieg litt.

Es erstaunt mich immer wieder, wie widerstandsfähig und hartnäckig Bäume sein können. Wenn sie den für sie richtigen Platz gefunden haben, Gelegenheit hatten, ihre Wurzeln tief in die Erde zu graben und sich langsam zu entwickeln, erreichen sie nicht nur eine stattliche Größe, sondern auch ein hohes Alter. Das ist vielen Bäumen heute leider nicht mehr vergönnt. Sie werden gefällt, weil sie Bauvorhaben im Weg sind oder ihr Holz gebraucht wird.

Einige vermuten, dass »der dicke Baam« als Gerichtslinde genutzt wurde, allerdings gibt es darüber keine Unterlagen. Bekannt sind die Märkte – vor allem Viehmärkte –, die hier stattfanden. Ein Grund dafür war sicherlich, dass Bermoll mit seiner Linde an der Handelsstraße Köln–Frankfurt–Leipzig lag und somit ein idealer Standort für Händler und Wanderer war.

Wegweiser zur Dicken Linde

Neben der Linde stand einst die Heiligkreuzkirche, von der es heute leider keine Mauerreste oder Ähnliches mehr gibt. Mit kleinen Felsbrocken legte der Heimatverein die Grundrisse des Gotteshauses nach, die anhand von vor Jahren gemachten elektrophysikalischen Untersuchungen festgestellt wurden. Wann die Kirche gebaut wurde und wann sie verschwand, ist nicht bekannt. Ihre Existenz gilt jedoch als sicher. Es wird vermutet, dass sie gebaut wurde, als »das Christentum Eingang in den Westerwald«[77] fand.

Der Boden neben der Linde ist somit geweihte Erde, was damals im 17. Jahrhundert sehr wichtig wurde: 1613 herrschte hier in der Gegend eine große Pestepidemie, der viele Menschen zum Opfer fielen. Doch der Friedhof von Bermoll war zu klein für all die Toten. Die Heiligkreuzkirche gab es damals schon nicht mehr, doch da der Boden, auf dem sie stand, geweiht war, fanden sieben Pesttote, die nicht mehr auf dem Friedhof begraben werden konnten, dort bei der Linde ihre letzte Ruhe.

Auch heute noch ist die Dicke Linde Teil des religiösen Lebens. Einmal im Jahr wird hier ein ökumenischer Gottesdienst abgehalten.

**Anfahrt:** Die Dicke Linde liegt an der Hohensolmser Straße in Richtung Großaltenstädten. Ein asphaltierter Landwirtschaftsweg führt am Ortsrand rechts ab. Dort steht auch ein Hinweisschild aus Holz, das im Sommer durch das hohe Gras etwas verdeckt sein kann.

Die Dicke Linde

Sauborn-Quelle

# Nur unscheinbar und klein?

Breungeshain

17 »Unscheinbar und klein«, so beschrieb Susanne Jost von der Unteren Naturschutzbehörde die Sauborn-Quelle – und ich kann ihr nur zustimmen. Ich weiß nicht genau, was ich erwartet habe, vielleicht einen dünnen Wasserlauf oder eine Art kleine sprudelnde Fontäne, die vor sich hin blubbert. Was ich sehe, gleicht einer Pfütze, die heute im August kaum Wasser aufweist, da es die letzten Tage doch sehr heiß war. Und die soll im Dezember 2017 als Naturdenkmal ausgewiesen und somit geschützt werden?

Über Jahre widmete sich der Landesverband der Höhlen- und Karstforschung den Quellen im Vogelsbergkreis. Ziel war es, deren Vorkommen und Qualität zu erfassen. 2016 wurden schließlich im Auftrag der Unteren Naturschutzbehörde des Vogelsbergkreises und des Naturschutzprojektes Vogelsberg 179 Quellen im gesamten Gebiet des Unteren und Hohen Vogelsberges erfasst. Dabei wurde auch die Tierwelt untersucht, die in unmittelbarer Umgebung dieser Quellen ihren Lebensraum hat.[78]

Besonderes Interesse weckte die Sauborn-Quelle: Sie ist eine der wenigen Quellen, die auch im Sommer Wasser aufweist. Früher, als das Gebiet um die Quelle kein Wald, sondern Weidefläche für Schafe und Schweine war, konnte das Vieh hier getränkt werden. Zudem ist die Sauborn-Quelle der erste Ort im Vogelsbergkreis, wo der Alpenstrudelwurm gefunden wurde, eine circa anderthalb Zentimeter große Wurmart, die ein Relikt aus der Eiszeit ist. Wo er lebt, soll die Wasserqualität gut sein. Das Finden des Alpenstrudelwurms war ein Grund dafür, warum sich besonders Marco Schuster von der Unteren Naturschutzbehörde des Vogelsbergkreises darum bemühte, dass die Quelle als Naturdenkmal ausgewiesen wird.

Ein weiterer Schritt war die Renaturierung der Quelle im Jahr

Die Sauborn-Quelle – Naturdenkmal seit Dezember 2017

2016: Die frühere Betoneinfassung einschließlich eines eisernen Rohres wurde vorsichtig mit einem Bagger beseitigt.[79] So wie ich die Quelle heute sehe, ist sie wieder in ihrem ursprünglichen Zustand. An ihr tritt das kühle und saubere Grundwasser aus, läuft in einem kleinen Graben hangabwärts und fließt schließlich in den Hillersbach.

»Born« bedeutet Brunnen und es ist anzunehmen, dass die Sauborn-Quelle schon sehr früh als befestigter Brunnen genutzt wurde. Bereits 1788 ist in der Karte von Johann Heinrich Hass die Flurbezeichnung Saubrunn vermerkt und auch in der Karte des Großherzogtums Hessen von 1838 ist der Sauborn eingetragen.[80]

So klein diese Quelle auch ist, sie hat es sprichwörtlich in sich. Außer dem Alpenstrudelwurm lebt in ihr die Rhön-Quellschnecke, die nur zwei Millimeter misst und weltweit nur noch in der Rhön vorkommt.[81] Sie gilt als stark gefährdet, da sie sehr hohe Ansprüche an ihren Lebensraum stellt, darunter gleichmäßig kaltes und unbelastetes, kalkarmes Wasser, und frühere Lebensräume nicht wieder besiedelt.[82] Ist sie also erstmal weg, bleibt sie es auch.

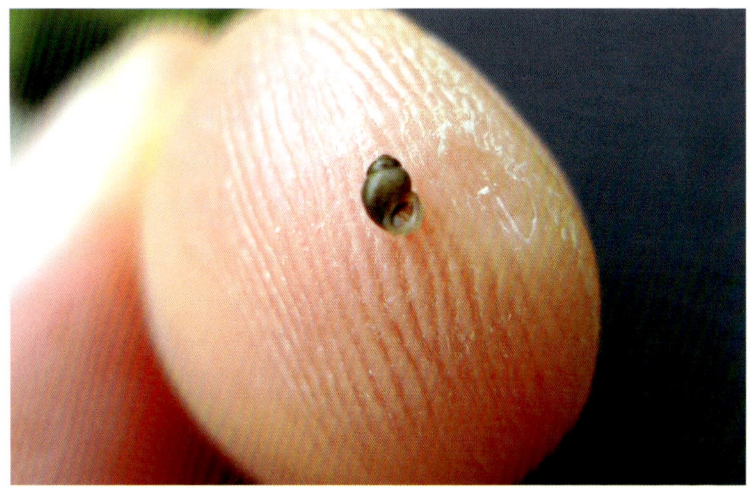

Rhön-Quellschnecke im Biosphärenreservat Rhön

Darüber hinaus leben auch Höhlenkrebse hier, die sich tagsüber im Grundwasser verbergen und nachts in der Quelle auf Nahrungssuche gehen. Am oberen Bachabschnitt siedeln Bachflohkrebse und Strudelwürmer. Die Quelle ist zudem ein perfekter Lebensraum für die Larven des Feuersalamanders.[83]

Aber auch für uns sind Quellen wichtig: Das Regenwasser versickert sehr langsam im Waldboden, wird gereinigt und bildet einen Vorrat an Grundwasser, aus dem wir unser Trinkwasser beziehen. Über wasserundurchlässige Schichten tritt dieses Grundwasser an der Erdoberfläche wieder als Quelle hervor.[84] Das bedeutet: Ohne Quelle gibt es kein Gewässer – und ohne Wasser kein Leben.

Also einfach nur unscheinbar und klein? Nein, die Quelle ist ein Kleinstbiotop voller Leben.

**Anfahrt:** Die Sauborn-Quelle befindet sich an einem kleinen Wanderparkplatz an der Landstraße L 3338 von Breungeshain nach Sichenhausen. Der Wanderparkplatz liegt hinter einem Hügel auf der rechten Seite im Tal.

Drei Eichen im Weidighain

# Im Gedenken an einen Freidenker

Butzbach

18 Die für mich schönste der drei Eichen im Weidighain am Schrenzerbad in Butzbach fällt mir erst gar nicht auf. Ich genieße zunächst die Aussicht von hier oben auf die Stadt, bevor ich mich den drei Bäumen widme.

Zwei der Eichen stehen neben dem Eingang des Schwimmbads und sehen bei meinem ersten Besuch im April etwas schmächtig aus. Verglichen mit der Toteneiche, die ich mir heute bereits angeschaut habe, sind ihre Stämme dünn. Bei meinem nächsten Besuch im Juli wirken sie hingegen prächtig. Die beiden Eichen blühen und die Äste mit ihren Blättern strecken sich weit nach allen Seiten.

Die dritte Eiche steht etwas entfernt auf der Anhöhe, nahe beim Nachbau eines Römerturms (Limesturm). Sie bildet für mich das

Die letzte Eiche des Weidighains

Zentrum der drei Eichen, auch wenn sie nicht direkt bei den anderen steht. Schon im April überstrahlt sie diese: Ihr Stamm ist dicker und streckt sich weiter nach oben, ebenso ihre Krone. Die Eiche hat dort eine sehr gute Position, sie kann von allen Seiten und somit in ihrer ganzen Schönheit betrachtet werden. Jetzt im Juli steht sie in voller Blüte und fällt so noch mehr auf.

Der Weidighain ist nach Friedrich Ludwig Weidig benannt, 1791 in Oberkleen geboren und für 22 Jahre Lehrer und Rektor an der Schule in Butzbach. Der Pädagoge war begeisterter Turner und praktizierte mit seinen Schülern Turn- und Exerzierübungen nach dem Vorbild Friedrich Ludwig Jahns. Um 1814 gründete er den wohl ersten hessischen Turnplatz auf dem Schrenzer, dem »Hausberg« von Butzbach, auf dem sich heute auch das Schrenzerbad befindet. Im Gedenken an seine Leistung für den Turnsport verleiht der Hessische Turnverband die Friedrich-Ludwig-Weidig-Plakette in Bronze, Silber und Gold für herausragende turnerische Leistungen in Hessen.

Die letzten Jahre Weidigs waren von Leid gekennzeichnet. Als Wegbereiter der Deutschen Revolution von 1848 veröffentlichte er zusammen mit Georg Büchner 1834 das Flugblatt »Der hessische Landbote«, in der die sozialen Missstände angeprangert wurden. Infolgedessen wurde er beobachtet, schließlich 1835 inhaftiert und über die kommenden Monate im Gefängnis misshandelt. Am 23. Februar 1837 soll Weidig sich das Leben genommen haben, wobei ein Selbstmord nicht sicher festgestellt werden konnte.

Im Gedenken an Weidig wurde am 20. April 1849 der Weidighain aus Fichten, einer Linde und vier Eichen angelegt. Die Fichten, das sogenannte Tannendenkmal, formten seinen Namen – Weidig. In der Mitte des Hains wurde eine Linde eingesetzt und an den vier Ecken jeweils eine Eiche. Von dem Namen Weidig ist heute nichts mehr zu sehen. Schon 1925 mussten die Fichten gefällt werden, da sie vom Borkenkäfer befallen waren. Und auch die Nachpflanzungen mussten wegen der Schädlinge 1989 gefällt werden.

Im Laufe der Zeit verschwanden auch die Linde sowie die westöst-

Weidighain-Eiche im Frühjahr

liche und östliche Eckeiche, vor einigen Jahren zerbrach das nordöstliche Exemplar.[85] Die südöstliche Eiche unterhalb des Nachbaus des Römerturms, meine Lieblingseiche, ist damit die einzige erhaltene aus diesem Hain. Wie alt sie ist, kann nicht mit Sicherheit gesagt werden, da sie wohl schon achtjährig, so die Schätzung, gepflanzt wurde. Sehr viel älter als 170 Jahre wird sie aber wohl nicht sein.

Die beiden anderen Bäume, die neben dem Schrenzerbad stehen und ebenfalls Naturdenkmale sind, gehörten nie zum Weidighain. Die Eiche bei der kleinen Hütte neben dem Bad erinnert an die Leipziger Völkerschlacht, gepflanzt von August Storch am 18. Oktober 1913, die Eiche südlich daneben ist die Schillereiche. Sie wurde am 10. November 1859 zum 100. Geburtstag von Schiller gesetzt.[86]

Die Behauptung, hier beim Schrenzerbad seien einst Schweine gemästet worden, kann nicht belegt werden. Die Mast mit Eicheln war in Butzbach zwar von großer Bedeutung, doch die Bäume hier oben wurden niemals dafür eingesetzt.[87]

Obwohl es den Weidighain nicht mehr gibt, wird der Platz hier oben weiterhin als Erinnerungsfläche genutzt. Am 8. November 2014 wurden oberhalb des kleinen Bad-Parkplatzes drei Bäume gepflanzt, um der Wiedervereinigung Deutschlands zu gedenken: »Eine Buche im Westen für die ehemalige Bundesrepublik Deutschland, eine Kiefer im Osten für die ehemalige DDR, in der Mitte eine Eiche für das wiedervereinigte Deutschland.«[88]

Werden alle drei Bäume noch in 100 Jahren stehen oder werden sie dasselbe Schicksal haben, wie die meisten Bäume des Weidighains?

Anfahrt: Schrenzerbad, Butzbach. Der letzte Baum des Weidighains steht unterhalb des Römerturms, die beiden anderen Naturdenkmale stehen neben dem Schrenzerbad.

Wilhelmsteine

# Geotop des Jahres 2017

Wallenfels

⑲ Damit habe ich nicht gerechnet: Meterhoch stehen die Wilhelmsteine im Schelder Wald zwischen Tringenstein und Wallenfels, der höchste von ihnen ragt circa 15 Meter in die Höhe. Auf circa zwei Hektar gibt es mehrere Felsklippen, die auf mich wie verwunschene Burgen wirken. Es würde mich nicht wundern, wenn ich bei meinem Rundgang plötzlich einem Waldgeist begegne, der oben auf dem Felsen sitzt und die morgendlichen Sonnenstrahlen genießt.

Die Steine erscheinen tiefschwarz, mit Spalten und kleinen Löchern. Farne wachsen aus den Ritzen, Moos wuchert an den Felsen. Auf einigen stehen ganz oben sogar Bäume. Ich mache eine Runde und schaue mir alles etwas genauer an. Es sind zwar »nur« Steine, dennoch sind sie sehr unterschiedlich: Während mich der höchste

Die Burg eines Waldgeists?

Einige der Wilhelmsteine

Immer den Wegweisern folgen

Felsen mich wegen seiner Größe und seiner schwarzen Farbe beeindruckt, überrascht mich bei einem anderen Stein die stellenweise sehr glatte Oberfläche. Bei einer weiteren Felsgruppe sehe ich sehr deutlich kleine Säulen ... und überall Farne und Gräser, die in den kleinsten Löchern Platz finden und sich Millimeter für Millimeter nach oben kämpfen, um ein wenig Sonne abzubekommen.

Ich vermute, selbst für Herzog Wilhelm von Nassau waren sie etwas Besonderes: 1830 machte er hier Rast, später ließ er in der Nähe eine Jagdhütte sowie Stallungen errichten, die heute nicht mehr stehen. Zu Herzog Wilhelms Ehren wurden die Steine kurz nach seinem Tod 1839 Wilhelmsteine genannt, vorher hießen sie Buschsteine.

Noch früher – und damit meine ich einige Jahrtausende zuvor – wurden die Wilhelmsteine verehrt und zu kultischen Zwecken genutzt. Vielleicht wurde an ihnen auch Gericht gesprochen.

Das überrascht mich nicht sehr. So wie ich sofort das Bild vor mir hatte, wie diese Steine von Waldgeistern bewohnt werden, hatten sie für die Menschen sicherlich auch schon vor Jahrtausenden etwas Geheimnisvolles an sich. Grabfunde aus den Zeiten der Kelten lassen darauf schließen, dass es hier wahrscheinlich eine Siedlung gab. In der Nähe von Angelburg wurde ein Kultstein aus der gleichen Zeit entdeckt, auf dem ein menschliches Antlitz zu sehen ist.[89]

Aber auch während der letzten Hundert Jahre waren die Wilhelmsteine ein Anziehungspunkt: Zu Christi Himmelfahrt kamen die

Menschen hierher, um Waldmeister, Sanikel und Tausendgüldenkraut zu sammeln, da ihnen an diesem Tag eine besondere Heilkraft zugesprochen wurde.[90]

Wie immer gibt es natürlich auch eine geologische Erklärung für die Entstehung der Wilhelmsteine: In der Zeit von vor 417 bis circa 305 Millionen Jahren lag dieses Gebiet in Äquatornähe und war Teil eines schmalen Ozeans, der im Norden von einem Großkontinent begrenzt wurde. Im Süden befand sich eine Gruppe von Inseln, noch weiter südlich ein weiterer Großkontinent. Vor circa 375 Millionen Jahren schloss sich dieser Ozean vom Süden her, wobei die Füllung des Meeresbeckens durch Faltung und Überschiebung zu einem Gebirge geformt wurde. Als der Ozean entstand, streckte sich die Erdkruste, sodass Basaltschmelzen aus dem Erdmantel bis zum Meeresboden aufsteigen konnten. Diese Veränderungen endeten mit der Gebirgsbildung, hatten aber bereits am Meeresboden begonnen, als das Wasser aus den vulkanischen Mineralien unter anderem Eisen und Kieselsäure herauslöste. Diese Stoffe wurden dann von untermeerischen Quellen als Eisenkiesel abgeschieden. Der hohe Gehalt an Kieselsäure hat den Eisenkiesel der Wilhelmsteine hart gemacht und so werden sie auch als »Härtlinge« bezeichnet. Bei der Abtragung des Schiefergebirges blieben sie wiederum als hohe Felsen erhalten.[91]

Die Wilhelmsteine zählen somit zu den Zeugen der Erdgeschichte, sie waren ein Kultplatz, sind heute ein Wander- und Ausflugsziel und ein Geotop, denn neben ihrer geologischen Bedeutung bieten sie auch einen Lebensraum für seltene Tier- und Pflanzenarten. Seit 1958 gehören sie zu den Naturdenkmalen und wurden 2017 zum Geotop des Jahres erklärt.

Ich gehe noch einmal um den größten Felsen herum, bevor ich mich auf den Rückweg mache. Habe ich da nicht ein Kichern gehört?

Anfahrt: Wenn man keine Zeit für eine Wanderung hat, ist zwischen Tringenstein und Hirzenhain (Hohe Straße; K 53) ein sehr guter Einstieg, um sich die Steine anzusehen. Von Tringenstein kommend,

Basalt-Wand mit Moos

befindet sich in Richtung Hirzenhain ein Waldparkplatz mit einer Schutzhütte am Straßenrand; dort gibt es auch einen Wegweiser zu den Wilhelmsteinen. An einer Weggabelung geht es nach links weiter durch den Wald. Kurz vor dem Waldrand befinden sich die Wilhelmsteine auf der rechten Seite (Wegweiser).

Dicke Eiche

# Siegfried von Xanten war es

Airlenbach

20 Sie ist nicht zu übersehen, als ich den kleinen Hügel hinunterfahre: Von Stahlseilen gehalten und durch einen Holzpavillon geschützt, fällt die Dicke Eiche von Airlenbach – auch »Tausendjährige Eiche« genannt – sofort auf. Oder besser gesagt, das, was von ihr übrig ist: ein Torso des Stammes, der vielleicht zwei Meter bis zweieinhalb Meter hoch ist. Der Umfang liegt bei circa 8,30 Meter. Damit zählt sie noch immer zu den stärksten Eichen Deutschlands.

Die wenigen Schwarz-Weiß-Fotos, die ich im Internet finde, lassen nur erahnen, wie die Eiche aussah, als sie noch ihre mächtige Krone trug. Besonders schön finde ich einen Stich von Albert Hartmann, denn er zeigt nicht nur, wie der Baum Ende des 19. Jahrhunderts aussah, sondern auch, wie er die Landschaft dominierte.

Die Eiche muss ein Haltepunkt von Reisenden gewesen sein, die auf dem Weg nach Bayern waren, und ihr galt wahrscheinlich oft der letzte Blick von Bewohnern, die Airlenbach verließen, um sich andernorts eine Arbeit zu suchen. Der Baum war auch das erste, das die Menschen sahen, die nach langer Zeit wieder zurück in ihre Heimat kamen. Sicherlich war sie Mittelpunkt vieler Feste, Familien picknickten unter ihren blühenden Ästen, Kinder tanzten um ihren dicken Stamm und Paare schworen sich hier ewige Liebe. So stelle ich es mir jedenfalls vor, als ich vor dem Rest der Dicken Eiche stehe, der von einem hölzernen Pavillon mit Dach umgeben ist. Blumenkästen schmücken den niedrigen Holzzaun und alles wirkt sehr fürsorglich.

Ich gehe die wenigen Treppenstufen hinauf und stehe nun direkt vor dem Stamm. Ich sehe die Maserung der Rinde, den Hohlraum im Inneren. An manchen Stellen ist die Rinde schwarz, als ob sie dort gebrannt hätte, an anderer Stelle ist Holz abgesplittert, hier und da verlaufen längs und quer Risse. Zusammengehalten wird der Torso

Der gespaltene Stamm der Dicken Eiche

von Stahlseilen, innen befindet sich ein engmaschiges Gitter. Wahrscheinlich soll es den Stamm zusätzlich schützen und vermeiden, dass jemand in den Hohlraum hineinklettert. An einem Loch fliegt eine Biene in den Stamm. Obgleich nicht mehr viel von der Dicken Eiche übrig ist, bietet sie noch einen Lebensraum für andere Lebewesen. Ein sehr tröstlicher Gedanke, finde ich.

Der Rückgang bis auf den Torso war schleichend. In den 1920er Jahren hatte der Baum noch eine »mächtige, reich und bizarr verzweigte Krone mit zahlreichen aufstrebenden Starkästen«[92]. In der Folgezeit baute die Eiche stark ab und es folgten mehrere Sanierungsversuche: 1958 wurden mehr als 30 Raummeter Holz aus der Dicken Eiche herausgeschnitten und die Eiche versuchte, eine neue Krone zu bilden. Allerdings wirkte sich das Wachstum der äußersten Krone in etwa 25 Meter Höhe in Verbindung mit einem zunehmenden Abbau

Gut beschützt

des tragenden, hohlen Stammes sehr ungünstig auf die Statik des Baumes aus. 2005 wurde die Eiche oberhalb des unteren Astkranzes um sechs Meter gekappt, was den Baum um vier bis fünf Tonnen lebendes und totes Holz entlastete und die auf ihn wirkende Windlast erheblich verringerte. Doch leider half das nicht viel. Der Stamm konnte die beiden verbliebenen Stämmlinge und die Restkrone nicht mehr lange tragen und die Eiche drohte, unter der eigenen Last zusammenzubrechen. Um zu vermeiden, dass der Baum vollständig gefällt werden muss, wurde die Dicke Eiche am 3. Dezember 2012 bis auf den Torso gekürzt.[93]

Für ihre einst so beeindruckenden Maße sollen aber nicht ihre »Gene« oder der ideale Standort verantwortlich gewesen sein, sondern »Siegfried von Xanten«, so jedenfalls die Sage:

»Die Dicke Eiche wäre nie so gewaltig ausgefallen, hätte da nicht dereinst ein kühner Recke die Hand im Spiel gehabt: Siegfried von Xanten, der Held des Nibelungenliedes. Der nämlich entfloh immer wieder der lähmenden Langeweile am Wormser Burgundenhof, indem er sich zur Jagd in den Odenwald absetzte. Tagelang durchstreifte er mit Speer und Bogen die unzugänglichen Wälder, folgte den Fährten von Wolf und Bär, erlegte so manchen Hirsch an frischem Quell. Eines Tages nun hatte er einen gewaltigen Auerochsen, auch Ur genannt, vor seinem Pferd. Fast einen ganzen Tag jagten die drei nun über Berg und Tal: Reiter, Pferd und Ur. Gegen Abend nun überfiel alle Beteiligten eine große Müdigkeit und der Auerochse beschloss, sich zu stellen. Der Kampf war heftig – doch schließlich obsiegte der blonde Held. Zurück blieb nur noch eine große Lache Auerochsenblut. Und als der Nachtwind kam, warf er eine Eichel hinab. Die fiel mitten in das warme Blut und sogleich spross aus ihr ein gewaltiger Baum: Die Eiche von Airlenbach.«[94]

Die Eiche soll circa 800 Jahre alt sein, am 26. März 1903 wurde sie als erstes Naturdenkmal des Odenwaldkreises in das Verzeichnis der Naturdenkmale im Kreis Erbach aufgenommen.

800 Jahre – und es gibt sie immer noch. Wie lange, weiß niemand, aber ich hoffe, dass ihre Reste noch lange dort stehen und den Menschen zeigen, was möglich ist.

Anfahrt: Die Dicke Eiche befindet sich direkt an der Kreuzung »Obere Ortsstraße/Eichenstraße/Am Kirchberg« in Airlenbach.

Platanen

# Eine Hand streckt sich in den Himmel

Büdesheim-Schöneck

21 Die beiden Platanen sollen zwar die dicksten Deutschlands sein, manche vermuten sogar, in ganz Europa, dennoch sind sie in dem Schlosspark unterhalb der alten Stallungen des Büdesheimer Schlosses kaum zu sehen. Der Park ist nicht sehr groß, allerdings ist er ziemlich zugewachsen. Der schmale Weg zu den Platanen ist noch erkennbar. Es sind vielleicht nur drei Meter vom Hauptweg zu den Platanen, dennoch muss ich sprichwörtlich erst mit der Nase darauf stoßen, um zu erkennen, dass ich bei den Platanen angekommen bin, so verdeckt sind sie von den umgebenden Bäumen mit ihren grünen Blättern.

Bei diesen Platanen handelt es sich um Morgenländische Platanen.[95] Ihre Stämme haben sich – wie es bei dieser Platanenart öfter vorkommt – schon sehr weit unten geteilt: Während die drei Hauptstämme der mächtigeren der beiden Bäume in einem Kreis angeordnet sind, wachsen diese bei der anderen Platane fast parallel zueinander nach oben. Wie es typisch für diese Baumart ist, schuppt sich die Rinde und zahlreiche kleinere und größere Rindenstücke liegen um die Platanen herum. Dort, wo sie früher den Stamm schützten, zeigen sich helle, fast weiße Stellen. Es sieht beinah so aus, als ob sie mit Farbe besprenkelt worden wären. Die abgefallene Rinde lässt sich noch ein wenig knicken, sobald das Rindenstück aber trocknet, ist es sehr hart.

Der Stamm der Platanen soll über vier Meter dick sein.[96] Bei einer der beiden ist er unten ausgehöhlt, was für einige Menschen anscheinend Anlass war, in diesem Hohlraum ein Feuer zu legen. Vielleicht ist es doch nicht so schlecht, dass die Bäume etwas versteckt sind.

Ich muss mich ein ganzes Stück von den beiden Platanen entfernen, bevor ich sie mit ihren Kronen ganz erfassen kann. Die Bäume

Die »Platanen-Hand«

waren einst 40 Meter hoch, mussten vor einigen Jahren aus Gründen der Verkehrssicherungspflicht jedoch um 10 Meter gekürzt werden.[97] Sie sind aber immer noch riesig. Ich muss den Kopf schon sehr weit in den Nacken legen, um die Spitzen zu sehen.

Und da fällt sie mir auf: Eine Hand aus Ästen, die sich nach oben streckt. Ein Stammteil der einen Platane hat sich in der Höhe noch einmal in vier dünnere Äste geteilt. Der »Daumen« ist leicht erkennbar, denn einer der Äste streckt sich ein wenig zur Seite, während die

Platanen-Blüte

Rinde der Platanen

anderen drei nach oben wachsen. Es sieht so aus, als ob diese Hand nach den Wolken greifen möchte. Als ich zurückgehe und sie mir von der anderen Seite anschaue, entdecke ich tatsächlich noch einen fünften Ast, der die Hand komplettiert.

Nicht nur mir gefallen die Platanen, auch ein Spaziergänger, der seinen Hund ausführt, ist begeistert von ihnen. »Die sind toll, nicht wahr?« Ja, dem kann ich nur zustimmen.

Es wird geschätzt, dass die Platanen zwischen 250 und 300 Jahre alt sind, seit über 20 Jahren sind sie Naturdenkmale.

Anfahrt: Die Platanen stehen im Schlosspark des Schlosses in Büdesheim-Schöneck, unterhalb der ehemaligen Stallungen, in denen derzeit u. a. die Bücherei untergebracht ist. Links von den Stallungen kann man einen unbefestigten kleinen Hügel hinuntergehen und gelangt auf den breiten Hauptweg des Schlossparks. Genau gegenüber vom kleinen Hügel führt ein schmaler Pfad zu den Platanen, an dessen Anfang eine verwitterte Bank steht.

Gerichtslinde

# Der schönste Baum Hessens?

Amönau

22 Ich fahre durch Amönau und entdecke das Hinweisschild »Gerichtslinde«, das mich zum Friedhof führt. Dort angekommen, sehe ich schon von Weitem auf der kleinen Anhöhe rechts die Linde stehen. Ihr grünes Blätterdach ist so dicht und überdeckt fast den gesamten Baum, sodass ich kaum seinen Stamm oder die Äste erkennen kann.

Ich gehe den Feldweg zur Linde hinauf. Schon von unten hatte ich ja gesehen, wie groß ihre Krone ist, doch erst als ich vor ihr stehe, fällt mir auf, wie weit die Äste sich tatsächlich strecken. Nach oben, nach links, nach rechts ... es ist, als ob sie in einen Wettbewerb getreten sind, wer als erster wieder einen Zentimeter wachsen und welcher Ast als erster dem Himmel ein Stückchen näherkommen wird.

Die Linde von Amönau

Das dichte Blätterwerk der Linde

Jetzt bemerke ich auch die Bank unterm Baum, von den Blättern gut versteckt. Sie hat den perfekten Platz hier oben. Wer sich auf ihr niederlässt, kann den wunderbaren Blick auf die Häuser am Rand von Amönau genießen.

Es ist nicht ganz sicher, wie alt die Linde ist, geschätzt werden um die 350 Jahre. Nach einer Ansicht wurde sie am Ende des Dreißigjährigen Krieges gepflanzt, zum Dank dafür, dass man die Schrecken des Krieges überstanden hatte. Folglich wäre die Linde um 1650 gepflanzt worden und nunmehr um die 370 Jahre alt.[98]

Daneben gibt es die Vermutung, dass die Familie von Baumbach die Linde pflanzte. 1711 verließen die von Baumbachs ihren Stammsitz, die Burg Tannenberg bei Nentershausen, und zogen nach Amönau. Dort sollen sie zur Erinnerung an diesen Umzug die Linde gepflanzt haben. Das würde bedeuten, die Linde wäre 60 Jahre jünger.[99]

Ob 370 Jahre oder 310 Jahre macht allerdings keinen großen Unterschied. Für uns Menschen mögen 60 Jahre viel sein, doch für viele Bäume sind 60 Jahre nur diese berühmte eine Minute in ihrem Leben, vor allem für Linden. Der älteste Baum Deutschlands ist über 1200 Jahre alt und eine Linde (in Schenklengsfeld), die Dicke Linde in Bermoll ist über 500 Jahre alt ... Wenn Linden ihren Platz gefunden haben, können sie sehr alt werden. Dann sind 60 Jahre fast nichts.

Allerdings ist die Linde keine Gerichtslinde, wie ihr Name vermuten lässt. Anscheinend war sie bis Mitte der 1950er Jahre nur die »Linde«, bis der damalige Schulleiter die Dorfchronik von Amönau überarbeitete. Um den Baum interessanter zu machen und Besucher anzulocken, erfand er die Geschichte von der Gerichtslinde.

1954 wurde sie vom Blitz getroffen und über die Jahre kam es zur Fäulnis im Stamm. Da diese die Linde in ihrem Bestand bedrohte, wurde sie 1984 restauriert. Der Baumrestaurator war so begeistert von ihr, dass er sie zum schönsten Baum Hessens erklärte.[100]

Ja, diese Linde ist wirklich beeindruckend. Ob sie tatsächlich der schönste Baum Hessens ist, muss jeder für sich selbst entscheiden. Schauen Sie doch mal in Amönau vorbei!

Anfahrt: Fahren Sie in Amönau zum Friedhof (Am Riedtor). Dort können Sie Ihr Auto parken. Die Linde steht auf der kleinen Anhöhe rechts vom Parkplatz.

Herbstlabyrinth-Adventhöhle-System

# Jubel für den lachenden Teufel

Breitscheid

㉓ »Sind Sie begeistert von der Höhle?« Tour-Führer Lehr schaut sich um und wartet, bis von uns – einer Gruppe von 9 Leuten – ein schwacher Jubel kommt. »Also das war ja gar nichts. Das können wir doch besser.« Das stimmt: Dieses Mal jubeln wir lauter. »Na also, geht doch. Jetzt ist der Teufel glücklich, jetzt lacht er.« Ich drehe mich um und tatsächlich sehe ich ihn mit seinen zwei Hörnern, den Mund zu einem herzlichen Lachen geöffnet.

Ich bin in der Schauhöhle Breitscheid und stehe dem Teufel gegenüber, besser gesagt: dem Teufelsgesicht. Das scheint ganz passend, schließlich soll der Teufel unter der Erde leben und momentan befinde ich mich 21 Meter unter der Erdoberfläche. Der »Teufel« hängt an einer der Höhlenwände und hat sich über Millionen von Jahren aus Regentropfen gebildet. Das ist natürlich sehr vereinfacht ausgedrückt, aber tatsächlich führte Wasser zu den bizarren Formen, die ich hier in der Höhle sehe.

Das Herbstlabyrinth-Adventhöhle-System, eine Karsthöhle im Erdbacher Massenkalk, zu dem auch die Schauhöhle gehört, ist das größte Höhlensystem Hessens mit ausgeprägtem Tropfsteinschmuck, vielen großen Einzelhöhlenräumen und langen Gangsystemen.[101] 125 Stufen führen auf einer Strecke von 45 Metern rund 21 Meter in die Tiefe, wo konstant 9 Grad herrschen[102] und es stockdunkel wäre, wenn an strategisch gut ausgesuchten Plätzen nicht LED-Lampen angebracht wären. Das Herbstlabyrinth-Adventhöhle-System hat eine Gesamtganglänge von derzeit circa 12.000 Metern,[103] Besuchern ist jedoch nur ein Teil des Höhlensystems zugänglich, die sogenannte Knöpfchenhalle. In die anderen Höhlen bzw. Gänge dürfen nur Höhlenforscher.

Teufelsgesicht – durch gefrorenes Wasser entstanden

Die Knöpfchenhalle ist mit einer Länge von knapp 60 Metern, einer maximalen Breite von 22 Metern und einer maximalen Höhe von 32 Metern eine der größten Einzelhöhlenräume in Deutschland.[104]

Ich bin überrascht, wie viele unterschiedliche Tropfsteinformen es hier gibt, aber auch, wie bunt eine Höhle sein kann. Die Farbe Weiß dominiert natürlich. Überall hängen dünne Röhrchen von der Decke. Diese sogenannten Makkaroni-Röhrchen sind innen hohl (daher der Name) und haben den Durchmesser eines Wassertropfens. Das Wasser rinnt im Inneren durch das Röhrchen nach unten, am Ende hängt ein Tropfen, an dessen Rand das im Wasser mitgeführte Kalzit (ein Mineral des Kalksteins) wieder auskristallisiert, sodass der Makkaroni wächst.[105] Die Makkaroni werden geschickt mit LED-Lampen beleuchtet und ich kann einzelne Feinheiten erkennen: Rillen im Röhrchen, Abbruchstellen, Beulen, wo das Röhrchen verstopft war und leicht bräunliche Makkaroni, bei denen der Wassertropfen mit Schlamm verschmutzt war.

Wand in der Knöpfchenhalle

Neben den Makkaroni-Röhrchen sind auch viele Stalaktiten (von oben wachsende Tropfsteine) und Stalagmiten (von unten wachsende Tropfsteine) zu sehen. Ein besonders »sympathischer« Stalagmit ist ein Schneemann, der sehr langsam, aber beständig nach oben wächst. Deutlich ist die typische Form zu erkennen: Auf einem dicken Bauch steckt ein kleiner runder Kopf.

Neben ihm und dem lachenden Teufel gibt es eine weitere Besonderheit in der Knöpfchenhalle: eine acht Meter lange Sinterfahne, die

die längste bekannte dieser Art in Hessen ist. Auch hier beeindrucken mich vor allem die unterschiedlichen Farben, die im Grunde nur dadurch entstanden sind, dass das Wasser nicht rein war, sondern einen unterschiedlichen Grad an Verschmutzung aufwies. Das kann man auch bei den vielen kleineren Sinterfahnen sehen.

Sinter entsteht dadurch, dass im Gesteinskörper kohlensäurehaltiges Wasser durch feine Spalten sickert und dabei das Kalkgestein auflöst. Das mitgeführte Kalzit wird beim Kontakt mit der Höhlenluft wieder freigegeben, sodass es an der Austrittsstelle der Spalten und den darunter liegenden Tropfstellen am Boden zur Tropfsteinbildung kommt. An den Stellen, wo das Wasser an schrägen Flächen hinabrinnt, entstehen Sinterfahnen.[106] Während die große Sinterfahne überwiegend dunkelbraun ist, gibt es kleinere, die gestreift sind: Sie haben weiße, gelbe, dann wieder braune Streifen, am Rand hat sich hin und wieder ein kleiner Makkaroni gebildet. Die Farben stammen von Mineralien wie Eisen und Mangan, die im Gestein vorhanden waren und ebenfalls durch das Wasser gelöst wurden. Eine andere Möglichkeit für die Farbgebung ist eingeschwemmter Lehm.

Sinterfahnen, Makkaroni, der Schneemann, unser lachender Teufel – überall, wo ich hinschaue, ist etwas Besonderes zu sehen. In der Knöpfchenhalle gibt es viele Kristallbildungen, die glitzern, wenn sie beleuchtet werden. Manche Felsen sind von dichten Kristallflächen bedeckt, die wellenförmig nach allen Richtungen streben.

Die Entstehung des Herbstlabyrinth-Adventhöhle-Systems hat Jahrmillionen gedauert und blieb sehr lange unentdeckt. Erst 1993 stieß man durch Zufall auf die Adventhöhle: Bei einer Wanderung am 11. Dezember fand die Speläologische Arbeitsgemeinschaft Hessen (SAH) am Rand des Medenbacher Steinbruchs ein kleines Loch in einer Wandstufe. Dieses wurde vergrößert, bis die Höhlenforscher eine schöne versinterte Höhle betreten konnten. Sie bekam den Namen Adventhöhle.

Am nächsten Tag wurden die noch größeren Teile der Höhle entdeckt, Monate später begannen Höhlenforscher mit der Untersuchung, Vermessung und Fotodokumentation. Am 28. Mai 1994 wurde circa 100 Meter westlich der Adventhöhle eine in der gleichen Wandstufe liegende Spalte geöffnet, die den Zugang zu einem weiteren Höhlenteil ermöglichte: Das Herbstlabyrinth war gefunden.

Bis heute besteht das Herbstlabyrinth-Adventhöhle-System aus 13 Bereichen (inklusive Teilbereichen): Medenbacher Kluft, Hessentunnel, Bärengang, Knöpfchenhalle, Spaghetteria, Rätselhalle, Wolkenschlösschen, Orbsgang, Hohe Alp, Wandelgänge, Südgang, Rampengänge, 1. Siphon.[107] Seit 1999 ist die Adventhöhle ein Naturdenkmal, ebenso wie die Schauhöhle. Die anderen Bereiche des Systems fallen derzeit (noch) nicht unter den Denkmalschutz, da die Höhle weiterhin erforscht wird und nicht klar ist, wie weit sich das System tatsächlich erstreckt und welche Entdeckungen noch gemacht werden.[108]

Neben den Tropfsteinen bekommen wir eine weitere Besonderheit zu sehen: den circa 20.000 Jahre alten Zehenknochen eines Bären, der im Bärengang, einem Teil der Adventhöhle, gefunden wurde. Hier entdeckten Forscher unzählige Knochen, von denen die Mehrzahl von Höhlenbären stammt, die an diesem Ort ihren Winterschlaf hielten. Wie die Tiere in das Höhlensystem gelangten, ist nicht sicher, da der Bärengang keinen direkten Zugang von außen besitzt. Allerdings müssen sie selbst in die Höhle gelaufen sein, da ein sogenannter Bärenschliff festgestellt wurde: Um sich in den dunklen Höhlengängen zu orientieren, liefen die Tiere nah an den Wänden entlang. Über einen langen Zeitraum wurden dabei hervorstehende Felsteile von ihren Fellen glattgeschliffen.[109] Dieser Teil der Höhle muss sehr interessant sein, doch er kann nicht besichtigt werden, da das Knochenlager für weitere Forschungen unangetastet bleiben soll.

Tipp: Wenn Sie Zeit haben, fahren Sie von der Höhle weiter nach Erdbach (den Hügel hinunter) zum Dorfgemeinschaftshaus (Denkmalstraße). Dort steht der Torso einer alten Sommerlinde (ebenfalls Naturdenkmal). Es ist nicht bekannt, wie alt sie ist, aber sicherlich mehrere Hundert Jahre, gemessen an dem Umfang des Baumes

Makkaroni an der Decke der Knöpfchenhalle

(4,45 Meter). Obwohl der Torso überwiegend aus abgestorbenem Holz besteht, schlägt die Linde wieder aus: Es hat sich ein neuer Stamm mit Ästen gebildet, deren Blätter schon grün leuchten.

Anfahrt: Das Herbstlabyrinth-Adventhöhle-System liegt circa einen Kilometer außerhalb von Breitscheid. Bei der Höhle gibt es nur einen kleinen Schotterparkplatz, der aber nicht immer zugänglich ist. Am Rathaus von Breitscheid wurde deshalb noch ein größerer Parkplatz für Höhlenbesucher eingerichtet. Von dort aus kann man an der Straße zur Höhle laufen oder einen etwas längeren Weg durch die Felder nehmen. Die Höhle ist nur am Wochenende und an Feiertagen geöffnet. Es wird empfohlen, das Ticket vorab telefonisch oder über das Internet (www.schauhöhle-breitscheid.de) zu bestellen, da nur eine begrenzte Anzahl von Personen an der Führung teilnehmen kann. Überzählige Personen werden zurückgeschickt.

Übrigens: Man kann in der Höhle auch standesamtlich heiraten.

Erdbachschwinde

# Wo das Wasser verschwindet

Breitscheid

24 Das Herbstlabyrinth-Adventhöhle-System ist nicht das einzige Höhlensystem in Breitscheid. Der gesamte Untergrund der Gemeinde ist von kleinen und größeren Höhlen und Gängen durchzogen. Auch vom Herbstlabyrinth führt ein Gang bis nach Breitscheid. Die vielen Höhlen zwischen Breitscheid und Erdbach sind charakteristisch für die hier gegebene Karstlandschaft, die weitgehend dadurch geprägt wird, dass Flüsse unterirdisch und kaum oberirdisch verlaufen. Zu den typischen Karsterscheinungen zählen Karstquellen, Bachschwinden (Ponore), Trockentäler, Karsttrichter (Dolinen) und Höhlen.

So wie das Herbstlabyrinth zu den Karsthöhlen gehört, ist auch das Erdbachhöhlensystem eine Karsterscheinung. Es entstand durch den unterirdischen Verlauf des Erdbachs, der am Rand von Breitscheid im sogenannten »Kleingrubenloch« verschwindet und erst circa 1,3 Kilometer entfernt und 112 Meter tiefer bei der Ortschaft Erdbach wieder an die Oberfläche tritt. Für diese Strecke braucht das Wasser zwischen 14 und 35 Stunden. Dementsprechend ist davon auszugehen, dass es verschiedene Wasserwege gibt. Der Bach verläuft dabei durch das Erdbachhöhlensystem und durch den Erdbachtunnel, der ein Teil des Herbstlabyrinths ist. Auf dem Weg durch das Kalkgestein verdoppelt sich die Wassermenge durch unterirdische Zuflüsse von durchschnittlich 40 Litern pro Sekunde auf 80 Liter pro Sekunde am Wiederaustritt.[110]

Das Kleingrubenloch entdecke ich auf meinem Weg vom Parkplatz zum Herbstlabyrinth-Adventhöhle-System. Ich schaue es mir nur genauer an, weil dort ein Naturdenkmal-Schild ist. Am Kleingrubenloch stehen ein paar Bäume, etwas Wasser fließt und ein breites Betonrohr mit Deckel steht an der Seite. Was soll daran schützenswert sein? Nur langsam erschließen sich mir die Zusammenhänge:

Kleingrubenloch

Nicht das Kleingrubenloch, wo der Erdbach versickert, ist das Naturdenkmal, sondern die nicht sichtbare Erdbachschwinde, eine wesentlich größere Fläche, auf der der Erdbach in den Untergrund abfließt. Auf einer Länge von circa 100 Metern befinden sich am Bachufer mehrere Bachschwinden. So wie in der Knöpfchenhalle die Makkaroni, die Stalagtiten und Stalagmiten vom Kalk im Wasser geschaffen wurden, beruht auch das Verschwinden der Bachläufe auf der besonderen Löslichkeit des hier vorkommenden Kalkgesteins: Kalk kann schon durch schwache Säuren aufgelöst werden, sodass durch die Anreicherung des Wassers mit Kohlendioxid aus dem Boden Kohlensäure entsteht. Das Wasser dringt durch Spalten in das Gestein ein und erweitert sie zu größeren Hohlräumen, durch die oberirdisch verlaufende Bäche im Untergrund verschwinden können (Verkarstung).[111]

Das Besondere am Kleingrubenloch ist, dass hier nicht nur der Erdbach versickert, sondern sich an diesem Ort auch der Eingang zur Erdbachhöhle befindet … und damit schließt sich der Kreis und wir kommen zu diesem Betonrohr, das mich daran hindert, ein schönes Bild vom Kleingrubenloch aufzunehmen. Höhlenforscher können über das Betonrohr die Erdbachhöhle betreten; sie sind auch die einzigen, die hier hinabsteigen dürfen. Die Höhle hat (derzeit) eine Länge von knapp 1800 Metern, der Höhenunterschied beträgt 102 Meter.[112]

Das Kleingrubenloch ist Teil des Karstlehrpfads, der an 15 Stationen Besonderheiten im Karst aufzeigt. In Erdbach ist die Stelle zu sehen, wo der Erdbach wieder an die Oberfläche tritt (Station 3), Besucher können durch die Gassenschlucht – eine Trockenschlucht, die vermutlich durch den eiszeitlichen Erdbach gegraben wurde (Station 8) – gehen und sie entdecken verschiedene Einsturztrichter, Dolinen genannt (Stationen 11 bis 13). Der Karstlehrpfad endet bei den Steinkammern (Höhlen); in der großen Kammer wurden zahlreiche Tonscherben von Gefäßen aus der Jungsteinzeit und Keramikreste aus der Hallstattzeit (circa 450 v. Chr.) gefunden.[113]

Als Naturdenkmal ist die Erdbachschwinde beim Kleingrubenloch bereits seit 1938 geschützt.

Anfahrt: Das Kleingrubenloch mit der Erdbachschwinde liegt an der Erdbacher Straße am Ortsrand von Breitscheid in Richtung des Herbstlabyrinth-Adventhöhle-Systems.

Amphibientümpel

# Ein ungestörter Kosmos

Erbismühle-Weilrod

25 »Die Natur ist der beste Regulator.« Dieser Satz von Thomas Götz, der im Forstamt Weilrod für den Amphibientümpel bei der Erbismühle zuständig ist, beschreibt wohl am besten, dass die Natur meist sehr gut ohne den Menschen zurechtkommt. So wird der Tümpel weitgehend der Natur überlassen. Das Amphibienschutzgebiet ist circa 67 Meter mal 108 Meter groß und ein »sehr schönes Amphibienlaichgebiet mit umgebenden Schilfflächen und angrenzender Pestwurzelflur«.[114]

Seit 1990 ist der Tümpel Naturdenkmal und Rückzugsort für verschiedene Tier- und Pflanzenarten. Dazu gehören die Erdkröte, der Grasfrosch sowie der Berg- und der Teichmolch. Wie groß die

Der Amphibientümpel vom Radweg aus gesehen

Grasfrosch

Erdkröte

Populationen sind, kann mir auch Thomas Götz nicht sagen, da »wir hier kein Biomonitoring machen«. In der Nähe des Amphibientümpels leben Schwarzstörche und Kraniche, die die Population wohl in Schach halten.

Der Amphibientümpel liegt hinter der Erbismühle am Radweg von Rod an der Weil nach Neuweilnau und wirkt wie eine eigene Welt in unserer. Das ist er wahrscheinlich auch. Am Wegesrand verdecken Bäume und Büsche die Sicht auf den Tümpel, das Schilf scheint die gesamte Fläche des Naturdenkmals einzunehmen. Auf einer kleinen Wasserfläche, die ich am Rand des Gebiets ausmache, bricht sich die Sonne. So gesehen wirkt er auf mich perfekt, als ob es nichts mehr zu verändern gäbe. Damit liege ich richtig, bestätigt mir Thomas Götz: »Vor ein paar Jahren haben wir einige Fichten entfernt, da die nicht hierher passten, aber sonst wird der Tümpel sich selbst überlassen.« Es ist möglich, dass der Tümpel in einigen Jahren durch das Wachsen von Wasser- und Sumpfpflanzen an manchen Stellen verlandet (durch das Wachsen von Wasser- und Sumpfpflanzen verringert sich die freie Wasserfläche des Gewässers)[115] und entschlammt werden muss, doch bis es so weit ist, wird es noch einige Zeit dauern.

Es ist unglaublich friedlich hier. Wenn nicht hin und wieder Radfahrer vorbeifahren würden, könnte man meinen, man sei völlig abge-

Teichmolch

schieden von der Welt und es gäbe nur einen selbst und diesen Tümpel. Ich frage mich, wie es in der Dämmerung hier ist. Ob die Frösche mit ihrem Gequake versuchen, sich gegenseitig zu überbieten?

**Anfahrt:** Der Amphibientümpel liegt hinter der Erbismühle in Weilrod an der L 3025 (Weilstraße). Gegenüber der Erbismühle gibt es viele Parkplätze. Laufen Sie neben der Mühle hinunter, vorbei am hauseigenen Parkplatz und über die Brücke. Gehen Sie dann nach links. Dort taucht nach ein paar Schritten der Amphibientümpel auf. Er ist gut mit den Schildern »Amphibienschutzgebiet« und »Naturdenkmal« gekennzeichnet und darf nicht betreten werden, um das Ökosystem nicht zu (zer-)stören.

Totenhof

# Geweihte Erde als Vogelschutzgehölz

Ilbeshausen-Hochwaldhausen

26 Einen Wegweiser gibt es derzeit noch nicht, obwohl es hier etwas Besonderes zu entdecken gibt. Es ist ein aufgelassener Friedhof, der zu einem Vogelschutzgehölz wurde – der Totenhof.

Als ich ihn mir anschauen möchte, ist mein einziger Anhaltspunkt eine Baumgruppe mit Eschen, Linden und Eichen in der Nähe des Friedhofs von Ilbeshausen.

Vom Friedhof aus gehe ich in Richtung der ersten Baumgruppe, die etwas versetzt rechts oben steht. Ich laufe außen an der Baumgruppe vorbei und sehe auf halber Höhe in der Baumgruppe das Schild »Totenhof«. Nicht weit davon entfernt ist ein

Den Totenhof eingrenzende Bäume

Zwei alte Gräber

Grab mit einem eisernen Kreuz, das auf einem kleinen Stein steckt. Beide sind bemoost, Namen oder Daten kann ich nicht erkennen.

Wo heute der Totenhof ist, war bis 1870 der Friedhof der Gemeinde Ilbeshausen. Hier stand auch eine Kapelle, in der bis 1870 die Totenmesse gelesen wurde, doch leider gibt es von ihr keine Ruinen oder Steinreste mehr. Nachdem der Friedhof geschlossen wurde, war die Kapelle nicht mehr nötig und sie wurde abgebaut. Ihre Steine wurden später für den Aufbau des Backhauses benutzt, das sich im Ort befindet.

Ich bedaure ein wenig, dass es die Kapelle nicht mehr gibt. Ruinen würden sich hier wundervoll einfügen – passend zu den Gräbern und zu den Resten der Steinmauer, die den ehemaligen Friedhof eingrenzen. Deren verschieden große Steine sind so aufeinandergestapelt, dass sie die Jahrhunderte gut überdauerten. Heute sind sie überwiegend mit Moos bedeckt und bieten sicherlich zahlreichen Insekten ein Zuhause.

1954 wurde das Gelände als Vogelschutzgehölz deklariert, die folgenden Jahre aber wohl nur wenig gepflegt. Elf Jahre später gründete ein Lehrer der Schule Ilbeshausen eine Vogelschutzgruppe und die

Alte Friedhofsmauer mit Grab im Hintergrund

Schüler kümmerten sich um die Instandsetzung und Pflege des Geländes. Nachdem die Schule geschlossen wurde, sorgte einige Jahre niemand mehr für den Totenhof, bis die Vogelschutzgruppe 1973 wieder ins Leben gerufen wurde. Seit 1982 pflegt die Jugendgruppe Ilbeshausen-Hochwaldhausen das Vogelschutzgehölz.[116]

Teil des Gehölzes ist eine mehrere Hundert Jahre alte Linde, neben der die Kapelle gestanden haben soll. Der Baum ist gut daran zu erkennen, dass sein Stamm teilweise hohl ist und sich – wie ich es bei vielen alten Linden gesehen habe – eine Luftwurzel gebildet hat. Neben der Linde gibt es auch eine Esche, bei der ich vermute, dass sie ebenfalls über 100 Jahre alt ist. Auch Eichen und Fichten wachsen hier.

Ich folge dem kleinen Pfad, der innen am Rand des Totenhofs entlanggeht und sehe mir die einzelnen Gräber an. Bis auf die eisernen Kreuze bestehen die Gräber aus kleinen Steinquadern, von denen die meisten oben einen Schlitz aufweisen … um Geld hineinzuwerfen? Bei einigen ist noch die niedrige, begrenzende Grabsteinmauer vorhanden, bei anderen nur der Grabstein. Alle sind bemoost, manche fast zugewachsen. Auf einem Grabstein ist der Name »Georg Heinrich« zu lesen, »geboren März 1870, gestorben August 1870«.

Amsel im Totenhof

Obwohl es sich um einen aufgelassenen Friedhof handelt, bin ich nicht bedrückt oder traurig hier. Nein, eine solche Stimmung würde für mich auch nicht hierher passen. Der alte Friedhof mit seinen Grabsteinen, das Kreuz und die Steinmauer sind Teil des Vogelschutzgehölzes, alles bildet eine Einheit, in der Leben und Sterben zum normalen Zyklus gehören. Ich bin eher überrascht, wie still es hier heute ist. Ich höre kein Vogelgezwitscher, es gibt kein Rascheln im Gras. Es ist, als ob sich alles, was hier lebt, zurückgezogen hat, um die Mittagsruhe zu genießen.

Ich vermute, dass es nachts ganz anders ist. Das ausführliche Informationsschild zu »Eulen – die heimlichen Jäger« lässt darauf schließen, dass auch einige Eulenarten hier leben.

Anfahrt: Der Totenhof befindet sich am Ortsrand von Ilbeshausen in der Nähe des Friedhofs. Dieser liegt an der Herbsteiner Straße; in der Dorfmitte gibt es ein kleines Hinweisschild zum Friedhof. Der Totenhof ist die erste größere Baumgruppe, die rechts neben dem Friedhof ein wenig erhöht steht. Derzeit weist noch kein Schild am Friedhof darauf hin, es wird aber überlegt, eines aufzustellen.

Sommerlinde

# Der älteste Baum Deutschlands

Schenklengsfeld

27 »Ist es tatsächlich nur ein Baum?« Sicherlich bin ich nicht die Erste, die sich wundert, warum die Linde in Schenklengsfeld vier fast gleich starke Stämme hat.

*Unter der Linde auf der Heide,*
*wo unser beider Ruhstatt war,*
*da könnt ihr sorgsam gepflückte Blumen*
*und Gras finden.*
*Vor dem Walde in einem Tal, tandaradei,*
*sang schön die Nachtigall.*

Walther von der Vogelweide, um 1200[117]

Eingefasst von einer Steinmauer und gestützt von Holzpfählen ist sie das perfekte Beispiel einer geleiteten Linde, die als Tanz- und auch als Gerichtslinde genutzt wurde. Die Linde von Schenklengsfeld soll über 1250 Jahre alt sein und gilt als der älteste Baum in Hessen. Auf einem Stein, der in der Mitte der vier Stämme steht, ist die Zahl »760« eingraviert. Darüber steht etwas, das ich nicht lesen kann, dafür ist es schon zu verwittert. Es soll heißen: »Gepflanzt im Jahre 760.«[118] Allerdings bezieht sich die Jahreszahl wohl vielmehr auf die Errichtung der Kapelle zu Ehren des Schutzheiligen von Schenklengsfeld, Ritter St. Georg. Die Anpflanzung der Linde wird nicht ausdrücklich erwähnt. Es wird davon ausgegangen, dass der Zeitpunkt der Anpflanzung, obgleich nicht ausdrücklich erwähnt, mit dem Datum übereinstimmt.[119]

In dem Fall wäre der Baum jetzt (2017) 1257 Jahre alt. Die Linde hätte dort schon zur Wikingerzeit gestanden, als Christoph Kolum-

Der älteste Baum Deutschlands

bus Amerika entdeckte, Johannes Gutenberg den Buchdruck erfand, Isaac Newton seine Arbeit über die Gravitation schrieb. Die Linde hätte den Dreißigjährigen Krieg überlebt, die Pest, Epidemien, Dürren, Hitze – und Walther von der Vogelweide (geboren um 1170, gestorben um 1230) könnte tatsächlich den Vers über die Linde geschrieben haben. Wenn sie reden könnte, was würde sie den Historikern alles erzählen, was würde sie in der Geschichtsschreibung »geraderücken«? Doch ist sie tatsächlich so alt?

Hundertprozentig konnte das nicht festgestellt werden, die Zahl beruht eher auf Vermutungen in Bezug auf die vier Stämme. Es wird davon ausgegangen, dass es in frühester Zeit nur einen Lindenbaum gab, aus dessen Wurzeln nach seinem Verfall gezielt vier Austriebe aufgezogen wurden (Wurzelbrut), welche die vier Himmelsrich-

Stein mit Jahreszahl »760«

tungen anzeigen. Diese bewusste Ausrichtung der Einzelstämme in Kreuzform könnte mit der Christianisierung der Hersfeld-Rotenburger-Region im 8./9. Jahrhundert zusammenhängen. Dann wäre die Linde tatsächlich über 1200 Jahre alt.[120]

An der Georg-August-Universität Göttingen wurde auch labortechnisch geprüft, ob diese vier Stämme wirklich zu ein und demselben Baum gehören. Dabei wurden vier Blattproben der einzelnen Stämme auf ihre Gene untersucht und tatsächlich: Die vier Blätter waren gleich; alle Muster identisch. Daraus wurde geschlossen, dass alle vier Blätter »mit sehr hoher Wahrscheinlichkeit« zu einer einzigen Pflanze gehören, die »vor sehr langer Zeit als Sämling entstanden ist und anschließend durch vegetatives Wachstum ihre heutige Gestalt und Größe erreicht hat«.[121]

1257 Jahre – und dennoch wirkt die Linde mit ihren grünen Blättern auf den langen, weit zur Seite und nach oben gestreckten Ästen, als sei sie im besten Alter. Ob die Linden in Grüningen es auch soweit schaffen werden?

Ein geleiteter Ast der Linde

Die Linde war und ist auch heute noch ein Mittelpunkt des Ortes: Jährlich wechselnd wird hier das »Lindenblütenfest« und »der Abend unter der Linde« gefeiert, an denen viele Bewohner Schenklengsfeld mit großer Begeisterung teilnehmen.

Es ist fast wie zu jener Zeit, als der Baum als Tanzlinde genutzt wurde. So beschreibt Georg Landau 1842, dass »die sorgfältig gepflegte Dorflinde der Sammelplatz für Alt und Jung und auch der Ort des Tanzes«[122] war. Und er erinnert sich, wie sich die Bewohner für die Feste bei der Tanzlinde kleideten: »Der Mann mit grünem Beidergewandsrock und schwarzer Pelzmütze mit langen, grünen, auf dem Rücken herabhängenden Bändern, das Weib [...] den schwarzen Tuchmantel mit den [...] silbernen Schnallen und als Halsgehänge umgebogene Silbermünzen.«[123]

Auf der Infotafel ist ein Bild einer kolorierten Ansichtskarte von 1895, auf der die Linde zu sehen ist. Verglichen mit heute hat sich eigentlich nichts verändert: Die Steinmauer steht noch, die Holzpfähle sind da ... und natürlich die Linde.

Es ist wirklich erstaunlich, wie gut sie erhalten ist. Ich habe den Torso der Dicken Eiche in Airlenbach gesehen und den Torso der Sommerlinde in Erdbach bei Breitscheid. Das Alter der beiden Bäume lag weit unter Tausend Jahren, ganz zu schweigen von 1200 Jahren. Es sind wohl nicht nur die »Gene«, sondern auch die gute Pflege der Schenklengsfelder Linde durch die Gemeinde. Wahrscheinlich wurde der Baum schon vor Jahrhunderten mit einem Balkengerüst gestützt, sodass das sehr hohe Gewicht der waagerechten Äste die Stämme nicht zu sehr belastete. Das Gerüst hat heute mehr als 80 Balken.

Die Linde ist seit 1926 Naturdenkmal, der Durchmesser der Baumkrone beträgt circa 25 Meter. 1976 wurde die Linde zum ersten Mal saniert, 2009 zum zweiten Mal.

Sie war übrigens nicht nur Tanzlinde, sondern auch eine Gerichtslinde. An ihr hielt man das Rügegericht ab und verurteilte Feld- und Waldfrevler: Sie wurden unter der Linde an den Pranger gestellt, an dem sie eine oder mehrere Stunden, teilweise auch einen ganzen Tag, stehen mussten.[124] Die Linde wurde aber nicht als Galgenbaum benutzt, bei dem das Todesurteil durch Hängen vollstreckt wurde und wo die Aufgehängten für Tage hängen blieben.

Als ich gehe, wünsche ich ihr noch viele Hundert Jahre und überlege mir, was die Linde wohl nach den nächsten 500 Jahren preisgeben kann.

Anfahrt: Die Linde befindet sich im Zentrum von Schenklengsfeld »An der Linde«.

Galgenbaum

# Geformt wie ein Kreuz

Tringenstein

28 »Hängt ihn höher.« Dieser zugegebenermaßen doch etwas makabre Spruch fällt mir ein, als ich vor dem Galgenbaum in Tringenstein stehe. Ich schaudere ein wenig, denn dieser Baum soll tatsächlich eine Gerichtslinde gewesen sein, an dem auch Todesurteile vollstreckt wurden.

Der Galgenbaum ist eine Sommerlinde, die auf dem Burgberg beim Friedhof steht und mit einer Höhe von circa 22 Metern die anderen Bäume überragt. Ihr Alter ist nicht bekannt, aber wenn sie tatsächlich als Galgenbaum genutzt wurde, wird sie sicherlich über 250 Jahre alt sein.

Der Baum fällt besonders wegen seines Stammes auf, der auf einer Höhe von fast zwei Metern gespalten ist. Dieser Spalt ist so breit, dass

Das Kreuz des Galgenbaums

Der Galgenbaum

sich dünne Menschen hindurchzwängen könnten, was ich allerdings nicht empfehle, da es gleich hinter dem Baum steil hinuntergeht. Zusammengehalten wird der Spalt vom Stamm selbst, der wiederum einen Umfang von circa 4,60 Metern aufweist. Über dem Spalt schließt sich der Stamm wieder und zwei kräftige Äste strecken sich nach rechts und links, sodass der Baum wie ein Kreuz aussieht.

Vor Jahren wurde der Hohlraum des Stammes mit witterungsbeständigen Backsteinen und Mörtel bis zum Stamm-Außendurchmesser lückenlos ausgemauert, um ihn zu stabilisieren, mittlerweile wurde diese Ausmauerung allerdings wieder entfernt. Dadurch ist der dreiteilige Stamm freigelegt, was seine Überlebenschancen erhöht.[125]

Es gibt einen Ast, der sich fast gerade vom Stamm wegstreckt. Ob die Verurteilten an ihm aufgehängt wurden? War dem so, reichte der letzte Blick der armen Seelen über das gesamte Tal hinüber zum Lahn-Dill-Bergland.

Wenn Sie schon einmal hier sind, schauen Sie sich auch die Reste der Burg Tringenstein an. Diese befinden sich auf der anderen Seite des Burgbergs. Folgen Sie hierfür den Treppen, die den Berg hinaufführen; rechts sehen Sie dann die Ruine.

Die Burg Tringenstein wurde zum ersten Mal in einer Urkunde vom 23. März 1356 erwähnt. Erbaut wurde sie auf Veranlassung der Gräfin Adelheid, Witwe des Grafen Otto II. von Nassau-Dillenburg. Der Burgberg selbst gehörte den Edelherren von Bicken. Gräfin Adelheid ließ das Bauwerk als Gegenstück zur neuen hessischen Burg Bergstein errichten. Zusammen mit der Burg entstand das Dorf Tringenstein.

Die Burg hat eine wechselvolle Geschichte. So war sie Sitz des nassauischen (Gerichts-)Amtes Tringenstein, sie diente als Jagdschloss und zu Anfang des Dreißigjährigen Krieges residierten die Dillenburger Grafen für eine längere Zeit hier. In den Jahren 1773 und 1774 wurde vom Schloss alles verkauft, »was dem Raub ausgesetzt war«[126]. Das Bauwerk verfiel, das unterste Stockwerk des Haupthauses wurde 1839 wegen Einsturzgefahr niedergelegt, danach wurde die Burg als Steinbruch benutzt und nach und nach abgerissen.[127]

Gehen Sie auf jeden Fall ganz hoch auf den Burgberg. Hier sehen Sie nicht nur, wie die Burg früher aussah (es gibt ein Steinmodell), Sie haben auch eine wundervolle Aussicht.

Anfahrt: Der Galgenbaum befindet sich auf dem Burgberg beim Friedhof, am Ende der Schloßstraße.

Vöhler Weiher

# Sanfte Idylle

Merenberg

29 Ich bin am Vöhler Weiher bei Merenberg und überrascht, wie idyllisch es hier ist – trotz Campingplatz und Gasthaus. Der Weiher liegt etwas außerhalb von Merenberg in einem Tal, auf einer Uferseite befindet sich eine schmale Waldfläche.

Durch den Wald führt ein Pfad, dem ich ein Stück folge. Von hier sehe ich einige Enten auf dem Wasser herumschwimmen, hin und wieder erscheinen kleine Luftblasen auf der Wasseroberfläche, die Bäume spiegeln sich im Wasser. Wenn ich das Gasthaus aus meinem Blickfeld verbanne, habe ich den Eindruck, es gibt nur mich, die Bäume, das Wasser und die Enten. Auf der anderen Uferseite sehe ich hochstehendes Schilf und niedrige Bäume. Wie es hier wohl im Herbst aussieht, wenn sich die Blätter verfärben?

Der Vöhler Weiher

Teichralle

Der Vöhler Weiher ist ein flächenhaftes Naturdenkmal, geschützt sind das kleine Stillgewässer sowie ein Teil des ihn umgebenden Gehölzbestandes, fünf Meter südlich und 20 Meter nördlich des Weihers. Es ist ein Biotop mit Trittsteinfunktion, das der Vernetzung von Lebensräumen dient. Die Gehölzbestände rund um das Gewässer fungieren beispielsweise als Trittstein zwischen den Waldgebieten westlich und östlich des Vöhler Weihers. Das ist vor allem für die Arten wichtig, die auf Gehölzstrukturen angewiesen sind und für die eine ausgeräumte Agrarlandschaft ein Wander- und Ausbreitungshindernis darstellen würde. Darüber hinaus ist der Weiher selbst Trittstein für sämtliche wassergebundenen Arten. An Brutvögeln wurden Zwergtaucher, Bläss- und Teichhühner sowie Gebirgsstelzen beobachtet,[128] allerdings stammen diese Beobachtungen aus dem Jahr 1993. Seitdem kam es zu keiner weiteren offiziellen Zählung, sodass derzeit nicht sicher ist, welche Wasservögel den Vöhler Weiher als Brut- oder Rastplatz nutzen.

Das kleine Stillgewässer ist bereits seit dem 1. April 1938 ein Naturdenkmal, Schutzgrund ist seine Seltenheit und Schönheit. Unter

Gebirgsstelze

diesen Schutz fallen auch die Flachwasserbereiche und Verlandungszonen, die ein Lebensraum zahlreicher Tiere sind. In den 1930er Jahren wurden sehr viele Naturdenkmale ausgewiesen. Die Menschen sollten so das Gefühl bekommen, etwas Besonders zu sehen und zu erleben, wenn sie schon nicht in den Urlaub fahren konnten.

Das traf wahrscheinlich auch auf den Vöhler Weiher zu, denn er wurde bereits als Naturdenkmal ausgewiesen, als er noch ein Badesee war.

Anfahrt: Der Vöhler Weiher liegt außerhalb von Merenberg an der L 3109. Dort geht rechts ein schmaler Weg ab und es gibt einen Wegweiser zum Campingplatz. Der Weg durch den Wald ist nicht markiert, aber leicht zu finden. Folgen Sie dem asphaltierten Weg vorbei am Gasthaus. Nach einer kleinen Linkskurve führt ein schmaler Pfad links in den Wald hinein.

Unica-Bruch Villmar

# Einzigartig in der Welt

Villmar

30 Weltweit einzigartig, eingefangen in einem Steinbruch – damit habe ich nicht gerechnet. Ebenso wenig mit Farben, die Millionen Jahre alt sind, aber so intensiv leuchten, als ob sie erst gestern aufgetragen worden wären.

Ich stehe im Unica-Bruch und erlebe eine Zeit, die 380 Millionen Jahre zurückliegt, als der Raum Villmar circa 20 Grad südlich des Äquators lag. Die Lebenswelt während des Devon (benannt nach der südenglischen Grafschaft Devonshire) war zum größten Teil marin und das (sub-)tropische Klima begünstigte die Entstehung von ausgedehnten Riffstrukturen im Küstengewässer.[129] Untermeerisch hatten sich aus Basaltlava und zugehörigen Tuffen zahlreiche Vulkane entwickelt, die als Inseln über dem Meeresspiegel hinausragten, umgeben

Umliegendes Gelände beim Unica Bruch

Im Unica-Bruch

von Riffen aus Organismen, die Kalk abschieden. In tieferem Wasser wurden sogenannte Plattenkalke abgelagert.[130]

Die damalige Gegend ist ungefähr mit der heutigen Inselwelt der Malediven vergleichbar. Die Region um Villmar lag inmitten eines großen Meeresbeckens aus Atollen und Riffen, weite Teile Europas waren von einem warmen, flachen Meer bedeckt – der ideale Lebensraum für Korallen, Schnecken, Muscheln oder Stromatoporen.[131]

Letztere sind eine ausgestorbene Tiergruppe, die Kolonien bildete; heute werden sie meist den Schwämmen zugeordnet. Die Stromatoporen lebten bevorzugt in flachen Gefilden der tropischen und subtropischen Gewässer, häufig mit Korallen zusammen. Besonders im Devon waren die Stromatoporen an der Bildung von Riffen beteiligt[132] und so machen gerade auch sie den Unica-Bruch heute so besonders.

Vulkanische Aktivitäten hoben den Meeresboden stellenweise über den Meeresspiegel hinaus. In den Untiefen des Ozeans und an den Flanken der Vulkaninseln konnten sich Riffe ansiedeln, die zu

Freigesägte Wand mit Fossilien

mächtigen Gebilden heranwuchsen. Ein solches Riff gliedert sich in Vor-, Haupt- und Rückriff. Der Unica-Bruch ist Teil des Hauptriffs, in dem die riffbildenden Tiere über einen langen Zeitraum durch das Vorriff geschützt waren und so ungestört wachsen konnten.[133]

Die Fossilien dieser Stromatoporen gibt es nur in Form von Kalkskeletten, die heute noch auf der polierten Wand des Unica-Bruchs zu sehen sind. Die meisten Forscher gehen davon aus, dass sie weltweit einzigartig sind.

Im Bruch stehe ich vor einer gesägten Wand, die in zwei Terrassen gegliedert, etwa sechs Meter hoch und 15 Meter breit ist. Ich sehe einzelne Einrisse, in sich verlaufende Adern, Bogen und größere Punkte.

Langsam streiche ich über die Fläche. 380 Millionen Jahre. Obwohl die Wand kalt ist, wirkt sie auf mich, als lebe sie – mit ihren verschiedenen Farben und Formen.

Auf der gegenüberliegenden Seite ist eine kleinere freigesägte Fläche, auf der ich Wellen und weiße Punkte sehe, rote Flächen vermischen sich mit weißen, hin und wieder leuchtet eine lange goldgelbe

Höhle beim Unica-Bruch

Ader auf ... Ich bin überrascht, wie intensiv die Farben auch heute noch leuchten.

Für mich sind es einfach nur wundervolle, intensive Farben, die ineinanderfließen und immer eine andere Schattierung haben, abhängig davon, wie das Sonnenlicht fällt. Durchbrochen werden sie von Adern, die manchmal wie Wellen durch die Farben rauschen oder manchmal ein fast gerader Strich sind.

Ihre Schönheit offenbart sich erst, wenn man näher tritt: Fossilien von Stromatoporen, von einem Seelilienstielglied und einer Koralle sind auf der kleinen freigesägten Fläche zu erkennen. 380 Millionen Jahre sind sie alt. Es ist kaum zu begreifen.

Unter geologischen Gesichtspunkten wird das sehr viel nüchterner betrachtet. So heißt es auf der Infotafel: »[Es] fällt auf, dass das Gestein nicht gleichmäßig ist, sondern breite Lagen mit recht großen Komponenten sich abwechseln mit deutlich röteren Lagen, die aus kleineren Bruchstücken bestehen. Hier dokumentieren sich Wachstumsphasen, in denen die riffbildenden Tiere ungestört groß werden konnten und schmale Bänder von Sturmablagerungen. Die hohe Wasserenergie ungewöhnlicher Stürme kann nicht immer vom Vorriff abgefangen werden und die Wellen zertrümmern dann Entstandenes und lagern kleinkörnigen Schutt auf dem Riff ab.«[134]

Der hohe Kalkgehalt des Devonmeeres förderte das Wachstum von Muscheln, Krebstieren und Schnecken sowie von den Riffbildnern, den Stromatoporen, Schwämmen und Korallen. In flachen Lagunen verrottete ein reicher Pflanzenwuchs und der Kohlenstoff, der im Faulschlamm entstand, färbte den sich bildenden Kalkstein schwarz und grau. Aufgrund einer lebhaften vulkanischen Tätigkeit floss eisenhaltiges Wasser über den Kalkstein. Es drang in das Gestein ein und färbte den Kalkstein hell- bis dunkelrot, braun und gelb. Die verschiedenen Lahnmarmore entstanden: der schwarze, weiß- oder goldgeränderte Schuppbacher, der schwarz-rot-geflammte Unica und der hellrot geschleierte Bongard in Villmar.[135]

Der Lahnmarmor Unica beeindruckt durch seine dunkelrote Farbe und die großen Fossilien. Nachgewiesen ist sein Abbau seit dem 16. Jahrhundert. Genutzt wurde er z. B. im Berliner Dom im Kaisertreppenhaus und in der Taufkapelle, aber auch in der Eingangshalle des Empire State Building (New York), im Moskauer U-Bahnhof, in der St. Petersburger Eremitage sowie im Palast des Maharadschas von Tagore.[136]

Der Unica-Bruch ist Teil des Nationalen Geoparks Westerwald-Lahn-Taunus und erhielt 2001 den Hessischen Denkmalschutzpreis. Aufgrund seiner Einmaligkeit liegt der Unica-Bruch für viele Forscher auf einer Ebene mit der Grube Messel und dem Felsenmeer, die ebenfalls in Hessen liegen.

Anfahrt: Der Unica-Bruch ist leicht zu finden. Vom Villmarer Bahnhof (dort befindet sich auch das Lahn-Marmor-Museum) führt ein beschilderter Weg zum Steinbruch. Auf dem Weg wird in mehreren Schautafeln dargestellt, wie sich die Erde unter geologischen Gesichtspunkten entwickelte.

Nasser und Trockener Wolkenbruch

# Wieder mal die Riesen ...

Trendelburg

31 Ich bin am Nassen Wolkenbruch bei Trendelburg und bin überrascht, wie tief er ist. Übrigens wird er auch der »Große Wolkenbruch« genannt.[137] Laut hölzernem Informationsschild am Parkplatz hat der Nasse Wolkenbruch eine Gesamttiefe von 60 Metern, die Wassertiefe beträgt 16 Meter. Sein Durchmesser liegt bei 150 Metern, unmittelbar über dem Wasserspiegel ist er 45 Meter hoch,[138] sein Umfang beträgt 470 Meter. Und dann noch der Inhalt: 353.400 Kubikmeter. Vom Parkplatz führt ein Waldweg leicht ansteigend zum Wolkenbruch hinauf. Von hier oben habe ich einen guten Blick in die Tiefe.

Geologisch betrachtet ist der Nasse Wolkenbruch ein Erdfall. Diese entstehen eigentlich nur in Gesteinen, die durch Wasser chemisch ausgelaugt werden. Durch die Auslaugung bilden sich in den Gesteinen Hohlräume, die einstürzen können. Diese Einstürze erscheinen dann an der Erdoberfläche so, als ob die Erde zusammengefallen sei. Beim Nassen Wolkenbruch waren sich die Forscher allerdings lange Zeit nicht sicher, wie er zustande gekommen ist, da sich die Erde hier im Buntsandstein senkte, letzterer aber normalerweise nicht durch Wasser ausgelaugt werden kann.[139] Wie ist der Nasse Wolkenbruch also entstanden?

Durch verschiedene Untersuchungen wurde festgestellt, dass sich unter dem fast Tausend Meter in die Tiefe reichenden Buntsandstein Zechstein befindet. Durch Störungen und Spalten im Buntsandstein konnte Wasser bis in diese Zechsteinschichten vordringen, wo es die Salze und Gipse auslaugte und sie unterirdisch abtransportierte. Es bildeten sich kleine Hohlräume im Zechstein, die einstürzten und die darüberliegenden Gesteinsschichten des Buntsandsteins schlotartig einfallen ließen. Das Ganze zog sich über mehrere Jahrtausende hin,

Der nasse Wolkenbruch

bis schließlich auch die Erde über dem Buntsandstein wie ein Dach zusammenfiel. Der Erdfall war entstanden.[140] Auf der Infotafel am Parkplatz zum Wolkenbruch ist eine einfache farbige Darstellung seiner Entwicklung zu sehen.

Der Erdfall ist ein klassischer Trichter, ein sogenannter Subrosionstrichter.[141] Er ist oben breit und verjüngt sich, je weiter es nach unten geht. So weit ich kann, gehe ich am Rand des Nassen Wolkenbruchs herum und fühle mich ein wenig in die Tiefe gezogen. Das Wasser kann ich nur aus bestimmten Winkeln sehen, die Bäume am Rand und die sonstigen Pflanzen, die an der Trichterwand wachsen, verdecken die Sicht.

Im Trichter haben sich die Kleine Wasserlinse, der Rippenfarn und das Schattenblümchen angesiedelt. Er ist mit farnreichen, bodensaurem Buchenwald bestockt und es gibt dickstämmiges stehendes und liegendes Totholz, das zum Teil auf dem Wasser treibt.[142] Die Blau-

Kleine Wasserlinse

grüne Mosaikjungfer und die Weidenjungfer (Libellen) haben im Trichter ihr Zuhause, ebenso wie die Erdkröte, der Kamm- und der Teichmolch.

Wie sich wohl die Menschen vor Hunderten von Jahren die Entstehung eines so tiefen Loches erklärten? Nun ja … wie so oft sollen Riesen schuld gewesen sein: »Die Riesin Trendula lebte auf ihrem Riesenschloss in Unmoral und Saus und Braus. ›Sieben in einer

Rippenfarn

Mosaikjungfer

Nacht‹ stand eingraviert auf ihrer Gürtelschnalle. Zu ihren lasterhaften Gelagen lud sie immer auf ihren Wohnsitz, die Trendelburg über dem Diemeltal. Zu jener Zeit war aber Trendulas riesige Verwandtschaft schon zum Christentum bekehrt, und auch die Dörfler am Fuße ihres Schlossbergs huldigten bereits dem Mann am Kreuz. Deshalb fand es niemand schicklich, dass Trendula machte, was sie wollte, während man sich selber der Kirchenmoral unterwarf.

Erdkröte

Eines schwülen Tages kam ein gewaltiges Gewitter ins Diemeltal. Es stand sieben Tage und sieben Nächte über der Trendelburg und wollte und wollte nicht weichen. Da bekamen es die Dörfler mit der Angst zu tun. Sie hielten das Ganze für eine Strafe Gottes, die der leichtlebigen Trendula zugedacht war. ›Soll sie doch alleine ausbaden, was sie uns eingebrockt hat!‹, riefen die Leute und stürmten die Burg. Trendula wurde aufs freie Feld geführt und der Rache Gottes überlassen. Da nun aber weit und breit nichts höher war als die Riesin, schlug der Blitz alsbald bei ihr ein – und zwar genau in ihre Gürtelschnalle. In diesem Moment senkte sich eine dunkle Wolke herab und der Donner grollte ganz fürchterlich. Darauf verzog sich das Unwetter, und Trendula war wie vom Erdboden verschluckt. Zurück blieb lediglich ein riesiges Loch, dessen Grund sich bald mit Wasser füllte. So entstand ein tiefer, tiefer See. Die Trendelburger nennen ihn den ›Nassen Wolkenbruch‹ und glauben, er sei der Riesin feuchtes Grab.«[143]

Doch es gibt selten nur eine Geschichte. So wird auch erzählt, dass Trendula die schönste von drei Riesenprinzessinnen gewesen sei, weshalb ihr Vater Kruko sie begehrte und ihr unentwegt nachstellte. Bei Nacht und Nebel verließ die Schöne die heimatliche Krukenburg und schlich das Diemeltal flussaufwärts. Bei Trendelburg sank sie ermattet ins Gras und weinte so viele bittere Tränen, dass davon ein tiefer See entstand. Das ist der Nasse Wolkenbruch, dessen Wasser noch immer leicht salzig schmeckt. Am Morgen hörte sie ihren Vater schon von Weitem herankommen und wütend nach ihr rufen. Da stürzte sie sich kopfüber in den neuen See und soll in der Tiefe nun verwunschen sein. Alle sieben Jahre erscheint sie an der Oberfläche und hofft auf einen beherzten Mann, der sie erlöst. Doch weil der See so dunkel und unergründlich ist, traut sich kaum einer dorthin. Deshalb wartet Trendula noch heute.[144]

Die dritte Geschichte ist grausamer: »Der mächtige Riese Kruko hatte drei Töchter: Brama, Saba und Trendula. Die mit großer Bosheit behaftete Trendula machte das Leben ihrer Schwestern so unerträglich, dass diese nach dem Tod des Vaters die Krukenburg verließen und im benachbarten Bramwald die Bramburg und im Reinhardswald die Sababurg errichteten. Die Bosheit Trendulas aber nahm zu und sie erwürgte im Zorn ihre blinde Schwester Saba. Eines Tages zog ein schreckliches, sieben Tage und Nächte anhaltendes Unwetter über Trendelburg. Da beschlossen die Menschen, den Zorn des Himmels zu beschwichtigen und die Riesenprinzessin als Opfer auf ein Feld zu bringen, um sie dem Unwetter preiszugeben. Eine Wolke zerbarst und ein schrecklicher Blitz stieß auf Trendula hinab, der sie sofort tötete. Das schwere Gewitter verzog sich, aber an der Stelle, wo die Riesenfrau gestanden hatte, fand man nur noch zwei tiefe Löcher, die fortan als ›Die Wolkenbrüche‹ bezeichnet werden.«[145]

Würde letztere Geschichte stimmen, müsste die Riesin gigantisch gewesen sein, denn Nasser und Trockener Wolkenbruch sind circa 400 Meter voneinander entfernt. Letzterer ist auch ein Naturdenkmal, führt, wie sein Name sagt, allerdings kein Wasser. Er ist bedeutend kleiner und auch nicht so tief wie der Nasse Wolkenbruch: Sein oberer Durchmesser beträgt circa 70 Meter, er ist circa 23 Meter tief.[146] Im Grunde sieht er wie ein tiefes Loch aus, das voll von Totholz und Gras ist. Im Gegensatz zum Nassen Wolkenbruch kann man ihn aber leicht umrunden. Das hilft mir auch, mir vorzustellen, wie der Trichter des Nassen Wolkenbruchs aussieht.

Anfahrt: Für den Nassen Wolkenbruch gibt es einen eigenen Parkplatz, der an der Friedrichsfelder Straße (L 736) von Trendelburg nach Friedrichsfeld liegt. Wenn Sie vom Nassen Wolkenbruch zum Trockenen Wolkenbruch laufen möchten, gehen Sie links am Feldrand in das nächste Waldstück hinauf. Dort gibt es ein kleines Hinweisschild; folgen Sie dem Weg weiter geradeaus. Prägen Sie ihn sich ein und nehmen Sie denselben Weg zurück. Da die Wege kaum sichtbar sind und es fast keine Wegweiser gibt, kann man sich hier leicht verlaufen.

Riesenmammutbaum

# Ein junger Riese

Harb

32 Auch wenn ich mich weit nach hinten beuge, kann ich die Spitze des Riesenmammutbaums beim ehemaligen Forsthaus Glaubzahl kaum sehen, als ich vor ihm stehe. 2012 hatte er eine Höhe von 31 Metern,[147] seitdem ist er sicherlich noch um einige Meter gewachsen. Sein Brustdurchmesser beträgt derzeit circa zwei Meter, sein Umfang circa 6,30 Meter. Er wurde 1898 gepflanzt und ist jetzt (2017) 119 Jahre alt.[148]

*Am Anfang gab es nichts außer Wasser*
*und Dunkelheit. Dann erdachte der Schöpfer die*
*Welt und ließ sie werden. Im Mittelpunkt der*
*Welt stand der Erste Mammutbaum, unter dem*
*die Spuren aller Tiere zu sehen waren, die der*
*Schöpfer ebenfalls erdacht hatte und werden ließ.*
*Das waren Vor-Menschen, die zu Felsen,*
*Bäumen und Tieren wurden und weggingen,*
*als die ersten Menschen ankamen.*

Schöpfungsmythos der Tolawa[149]

Obwohl so riesig, berührt er mich. Vielleicht, weil er so einsam gegenüber dem ehemaligen Forsthaus steht? Wer nicht weiß, dass der Mammutbaum dort steht, fährt daran vorbei, denn von der Landstraße ist er kaum zu sehen.

Die unteren Äste sind bis auf eine Höhe von geschätzten drei Metern abgeschnitten. Ich gehe um ihn herum und bewundere die Maserung des Baumstammes. Die Rinde ist stark zerrissen, an einigen Stellen ist die obere Schicht abgesplittert, an anderen ist sie grünlich. Ganz unten wächst Moos, das sich an den Baumstamm klammert.

Der Riesenmammutbaum ist Naturdenkmal

Wie der Gingko können auch Mammutbäume als Dinosaurierbäume bezeichnet werden, denn es gab sie schon vor über 60 Millionen Jahren. Zu jener Zeit waren sie auf der ganzen Erde zu finden. In Deutschland findet man versteinerte Stämme und Baumzapfen von Mammutbäumen in vielen Braunkohlevorkommen aus dem Tertiär (vor 2,5 bis 65 Millionen Jahren). In den letzten großen Eiszeiten sind die Baumdinosaurier nahezu ausgestorben. Nur ein kleiner Teil überlebte in geschützten Hochtälern der Sierra Nevada in Kalifornien (USA), wo sie erst im 19. Jahrhundert von europäischen Einwanderern entdeckt wurden.

Mammutbäume können sehr alt werden. Der Riesenmammutbaum »General Shermann Tree« in Kalifornien zählt über 2700 Jahre und soll das voluminöseste Lebewesen der Welt sein: Er ist circa 83,8 Meter hoch und misst am Boden 31,1 Meter im Durchmesser, der Durchmesser des längsten Astes liegt bei 2,1 Metern. Die Krone streckt sich circa 32,5 Meter weit. Sein Volumen beträgt circa 1486,9 Kubikmeter.[150] Was sein Gewicht betrifft, lese ich die Zahl »1,2 Millionen Kilogramm«[151]. Das muss man sich »auf der Zunge zergehen lassen«.

Der Riesenmammutbaum

Weibliche Zapfen eines Mammutbaums

Da hat der Mammutbaum in Harb noch einen weiten Weg vor sich. Doch wie heißt es so schön auf der kleinen Informationstafel neben dem Mammutbaum in Schotten am Niddastausee (kein Naturdenkmal): »In ihrer Heimat Nordamerika können Mammutbäume bis zu Tausend Jahre alt werden und Stammdurchmesser von mehreren Metern erreichen. Ob dies auch in Europa möglich ist oder ob es hier besondere Umstände gibt, die das verhindern, wird wohl erst viele Generationen nach uns beantwortet werden können.«

Je mehr ich über Mammutbäume lese, umso faszinierter bin ich. Urweltmammutbäume wurden erst 1941 in einer unzugänglichen Bergregion in China entdeckt. Ihr Wurzelwerk ist so gut in der Erde verankert und der Stamm so massiv, dass sie sogar im stärksten Orkan stehen bleiben. Daneben sind sie durch freie Radikale und natürliche Fungizide (Wirkstoff, der Pilze oder ihre Sporen abtötet oder ihr Wachstum für die Zeit seiner Wirksamkeit verhindert)[152] weitgehend resistent gegen Pilz- und Schädlingsbefall. Auch Waldbrände machen ihnen nicht viel aus, da die extrem dicke Rinde durch ihren hohen Gehalt des Bitterstoffs Tannin quasi feuerfest ist.[153]

Das mag klingen, als sei dieser Baum unverwundbar – wäre da nicht der Mensch. Mit dem Stammholz des General Shermann Tree könnte man beispielswiese ein Dorf ein ganzes Jahr lang mit Brennstoff versorgen. Die Bäume waren daher schon bald nach ihrer Entdeckung durch Kahlschlag gefährdet und konnten nur durch massive Schutzmaßnahmen gerettet werden.[154] Sie sind eine bedrohte Baumart und die derzeitigen Wildbestände stehen unter Natur- und Artenschutz.[155]

Doch gehören Mammutbäume eigentlich nach Deutschland? Es gibt einige, die in unseren Wäldern nur heimische Baumarten sehen wollen und daher Douglasien und auch Mammutbäume ablehnen. Das wirft allerdings die interessante Frage auf, was heimische Bäume eigentlich sind. Der Mammutbaum war einst in unseren Breiten weit verbreitet, auch wenn dies Millionen Jahre her ist. Und wer weiß, wie es in 100 Jahren bei uns aussieht. Vielleicht werden unsere Wälder infolge des Klimawandels überwiegend aus Mammutbäumen bestehen, während es kaum noch Buchen oder Eichen geben wird.

Forstwirt Rudolf Frischmuth vom Forstamt Vogelsbergkreis gibt mir eine schöne Antwort: »Die Natur ist in einem ständigen Wandel.« Und ein weiterer Punkt, den Forstwirt Thomas Schier vom Forstamt Nidda hervorhebt, ist, dass »eine Beimischung von solchen Baumarten [...] für unsere Wälder eher eine Bereicherung ist. [...] Mischwälder weisen eine deutlich höhere Artenvielfalt auf. Die Rückkehr vieler seltener Arten belegt dies deutlich.«

Anfahrt: Der Riesenmammutbaum steht gegenüber vom ehemaligen Forsthaus Glaubzahl, das sich an der Landstraße B 457 von Harb nach Rodheim befindet. Die Einfahrt liegt von Harb kommend links und ist (besonders im Sommer) schwer zu sehen, denn es gibt kein Hinweisschild an der Straße zum Forsthaus. Der Riesenmammutbaum steht nicht auf dem Gelände des Forsthauses, sondern davor. Er ist somit frei zugänglich.

Hochheide »Schneeberg«

# »Brennende« Heide

Usseln

33 Für die Orchideenwiese in Frankenau bin ich zu spät hier, für die Hochheide in Usseln zu früh. Blumen haben eben ihre eigene Zeit und da nehmen sie nicht wirklich viel Rücksicht auf die Wünsche von uns Menschen.

Nichtsdestotrotz bekomme ich einen guten Eindruck von den Hochheiden, auch Bergheiden genannt, die sich hier im Upland (niederdeutsch für Hochland) am Nordostabfall des Rothaargebirges befinden.[156] Von der Ferne kann ich auf sanften Hügeln weite Grünflächen sehen, auf denen vereinzelt Bäume stehen. Jetzt ist noch die ruhige, die »grüne« Phase. Das ändert sich erst im Spätsommer, wenn die Heidekräuter, vor allem die Besenheide, blühen und die Heideflächen aussehen, als würden sie brennen.

Vor Jahren war ich in der Lüneburger Heide. So ähnlich stelle ich mir auch die Hochheiden in Usseln vor, obgleich sich die Vegetation

Hochheide

hier anders zusammensetzt: Die Besenheide wächst nicht auf Sand, sondern auf Grauwacke (grauer bis grüngrauer Sandstein), Quarzit sowie Schiefer und gedeiht am besten in Höhenlagen von über 650 Metern ü. NN.[157] Mir hat die Lüneburger Heide mit ihrem kräftigen Violett damals sehr gefallen. Ich war beeindruckt, auch weil ich dachte, die Lüneburger Heide sei natürlich entstanden. Das ist aber weder bei der Lüneburger Heide noch bei den Hochheiden hier der Fall.

Die Geschichte der Hochheide reicht 10.000 Jahre zurück: Zu dieser Zeit dehnte sich im Upland die baumlose Tundra aus. Mit der Erderwärmung wuchsen wieder Bäume auf den Flächen und es entstanden Wälder. Nur in Mooren, an Felsen und in den lichten Krüppelwäldern der höchsten Erhebungen überlebten einige der typischen Pflanzenarten der eiszeitlichen Tundra. Das sind Pflanzen, die besonders gut auf kargen Böden und unter extremen klimatischen Bedingungen mit viel Wind und Schnee gedeihen, darunter Kiefer und Vogelbeere, Ginster, Arnika, Silberblatt und das die Landschaft prägende Heidekraut.[158]

Der Wald wurde schon im Spätmittelalter durch Viehbetrieb und die Entnahme von Holz in offenes Land umgewandelt. Solange diese Flächen als Weiden genutzt wurden, bildete sich nur in einem begrenzten Umfang Rohhumus. Als hier jedoch Fichten, Kiefern und Laubgehölz angepflanzt wurden, veränderte sich die Beschaffenheit des Bodens.

Die alten Heidebestände verholzten und starben teilweise ab, zusätzlich musste der Boden im Herbst mit dem Laub und der Nadelstreu der Kiefern und Fichten kämpfen. Es bildeten sich dicke Rohhumusauflagen, die von den sie abbauenden Bodenlebewesen nur schwer zersetzt werden konnten. Weite Teile der Heiden vergrasten oder verbuschten, die ursprüngliche Heideflora und -fauna drohte auszusterben.[159]

Um den Heidezustand wiederherzustellen, muss der Boden regelmäßig gemulcht werden: Durch spezielle Maschinen werden verholzte Pflanzen abgemäht und zerkleinert. Das Mulchgut wird anschlie-

Heidekraut in Violett

ßend von der gepflegten Fläche entfernt, damit sich der für die Heide schädliche Rohhumus nicht bilden kann.

Wenn das Mulchen nicht mehr ausreicht, muss geplaggt werden: Mit sogenannten Plaggmaschinen wird die Humusschicht abgetragen und fortgeschafft. Auf diese Weise werden dem Boden schnell Nährstoffe entzogen. Anspruchslose und lichtliebende Pflanzenarten können nun heranwachsen, darunter das Heidekraut. In den niederschlagsreichen Hochlagen kommen weitere Zwergsträucher wie die Preiselbeere und die Heidelbeere hinzu. So entsteht die typische Hochheide, die im Spätsommer in ihren violett-roten Farbtönen leuchtet.[160]

Die Heiden im Upland werden etwa alle 20 bis 30 Jahre geplaggt, doch damit ist die Arbeit nicht beendet. Heidestöcke werden in regelmäßigen Abständen zurückgeschnitten, Neuansamungen müssen verjüngt und aufkeimende Gräser, Sträucher und Bäume entfernt werden.[161] Im Sommer setzt man Heideschnucken zur Beweidung ein; dies regt die Zwergsträucher dazu an, neu auszutreiben.[162]

**Anfahrt:** Usseln ist im Grunde von der Hochheide umgeben und von zahlreichen Wanderwegen durchzogen, sodass man die Heide auf vielen Strecken und zu jeder Jahreszeit erleben kann.

# Alte Weidenutzung neu aufgelegt

Arborn

34 Manchmal muss man einfach Glück haben – und heute ist so ein Tag. Nachdem ich mir den Nenderother Wasserfall angeschaut habe und auf dem Rückweg zu meinem Auto am Friedhof bin, komme ich mit einem Friedhofsbesucher ins Gespräch. Wie sich herausstellt ist er Mitglied des Arborner Heimatvereins, der sich um den Wasserfall kümmert. Als ich ihm erzähle, wie gut mir dieser gefällt, antwortet er: »Wir haben noch etwas ganz Besonderes, unsere Hutweide Hahrehausen.«

»Sie ist sehr romantisch«, führt er die Weide ein, die bereits seit 1938 flächenhaftes Naturdenkmal ist. Und ich muss ihm zustimmen. Hier oben ist es wirklich romantisch. Hahrehausen liegt in unmittelbarer Nähe zum Knoten (605 Meter ü. NN.; einer der höchsten Berge im hessischen Mittelgebirge) in einem Waldgebiet und sieht wie eine bewachsene Lichtung aus. Ich sehe einzelne Hutebäume, Flugtannen, sogar einen Habitatbaum und Wacholderhecken.

Es wird vermutet, dass sich hier früher eine Wüstung befand, ein Ort oder Einzelhof, der bereits im Mittelalter aufgegeben wurde. Fast bis Anfang des 20. Jahrhunderts beweideten Schafe von Anfang Mai bis Ende Oktober die Grünlandflächen. Von 1936 an wurden sie ab August/September mit Rindern nachbeweidet. Wegen besonderer klimatischer Bedingungen am Knoten waren die Erträge des Grünlandes sehr gering, weshalb man sich ab 1950 entschloss, das Gebiet mit Fichten aufzuforsten.

Fichtenholz ist eines der vielseitigsten Weichhölzer, das in der Möbel- und Bauindustrie, aber auch bei der Herstellung von Musikinstrumenten verarbeitet wird. Der Fichtenharz kommt unter anderem in der Kosmetik- und Lackindustrie zum Einsatz.[163] Durch die Aufforstung mit Fichten verschwanden aber nicht nur die Weiden, son-

Hutweiden in Hahrehausen

dern auch die für sie typische Flora und Fauna. Genauso erging es der Hutweide Hahrehausen.

Ihre Bewirtschaftung wurde unrentabel und zwischen 1960 und 1965 aufgegeben. Es entwickelte sich ein Gehölz- und Baumaufwuchs, der den Charakter der Weide nachhaltig veränderte. Erst Mitte der 1980er Jahre begann man wieder mit der Bewirtschaftung der Fläche, um zu vermeiden, dass die Hutweide verbuscht.

Das ist allerdings ein sehr langwieriger Prozess, wie ich in dem Gespräch erfahre. Wachholder kann eigentlich bis zu zehn Meter hoch werden, da die Hutweide aber so dicht mit Tannen und Fichten besetzt ist, wächst der Wachholder eher in die Breite als in die Höhe. Um den Wachholder, den es hier früher reichlich gab, so natürlich wie möglich wachsen zu lassen, müssen in Zukunft noch mehr Bäume gefällt werden.

Mir gefällt es hier oben. Es ist sehr friedlich und ich kann mir vorstellen, dass die Wanderer, die hier auf dem Westerwaldsteig wandern,

Wacholderbeeren

Neuntöter-Weibchen

dasselbe fühlen wie ich, wenn sie aus dem Wald treten und in Richtung der ehemaligen Weide gehen.

Wie die meisten ehemaligen Weideflächen dieser Art ist Hahrehausen unter Naturschutzgesichtspunkten sehr wertvoll. Die mageren, mit Gehölzen, Wacholderhecken und Einzelbäumen durchsetzten Flächen wurden kaum gedüngt, während sie als Weide genutzt wurden, auch Bodenverbesserungen fanden selten statt, da dies zu teuer und die Weiden ertragsschwach waren. So entwickelten sich hier hochgradig schützenswerte Magerrasen sowie Heidegesellschaften mit Wacholderhecken und landschaftsprägenden Einzelbäumen.[164]

Auf Hahrehausen wachsen mittlerweile wieder Kreuzblümchen-Borstgrasrasen und Katzenpfötchen-Heiden. Diese Pflanzengesellschaften bieten einen Lebensraum für Neuntöter, Raubwürger, Tannenhäher oder Grauspechte. Vereinzelt wurde hier auch wieder Arnika gesehen.

Um diesen Zustand zu erhalten, werden zu dicht stehende Fichten ausgelichtet. Das beinhaltet den Pflanzenschnitt bei jungen und die Verjüngung bei alten Gehölzen, das Ausdünnen schwerer Baum-

Grauspecht

Tannenhäher

kronen[165] sowie das Zurückdrängen des Gehölzaufwuchses mit Motorsäge, Freischneider und Mulchgerät.[166] Ein paar Jahre wurde die Fläche auch wieder mit Schafen beweidet. Da sich das allerdings als weniger wirksam erwies, wird nun wieder Großvieh eingesetzt.

Während ich über die Weide laufe, vorbei an den Fichten und den niedrigen Hecken, wird mir einmal mehr bewusst, wie wichtig es ist, solche Flächen zu schützen. Nicht nur, weil sie Tieren und Pflanzen einen Lebensraum bieten, sondern auch, weil sie schön sind und dem Menschen helfen, sich zu erden.

Anfahrt: Bei Arborn biegen Sie von der L 3046 nach rechts in die Industriestraße ab und folgen der Straße immer weiter in Richtung Knoten durch den Wald. Gegenüber vom Naturdenkmal befindet sich auch das Adolf-Weiss-Denkmal (Hui-Wäller-Denkmal). Koordinaten: 50° 35' 56" N, 8° 10' 26" O

Der Hohle Stein

# Eine Geschichte der Erde

Niedernhausen-Oberseelbach

35 »Der Hohle Stein« bei Niedernhausen-Oberseelbach ist eine »markante Gruppe von Felsklippen aus Taunusquarzit« – so die sehr nüchterne Beschreibung auf dem Informationsschild zum Naturdenkmal. Und weiter: »Ein hoher Anteil an Kieselsäure oder Quarz, den wir in kristalliner Form [...] als Bergkristall, Amethyst oder Rosenquarz kennen, sorgte dafür, dass dieser Quarzitbereich des Taunushauptkammes von der intensiven Verwitterung unter feucht-warmem Tropenklima im Paläogen (von 65 bis 23,8 Mill. Jahren) als ›Härtling‹ herauspräpariert wurde.«

Ein Härtling ist ein aufgrund der Widerstandsfähigkeit (Härte) seines Gesteins gegenüber Verwitterung und Abtragung über seine Umgebung herausragender Einzelberg, also eine Bergvollform, die gegenüber der aus weniger verwitterungsresistenten Gesteinen

Der Hohle Stein

Klippen des Hohlen Steins

bestehenden Umgebung weniger stark abgetragen wurde. Quarzite, Ergussgesteine oder harte Metamorphite können als Härtling auftreten.[167]

Der Hohle Stein liegt an einem Geopfad, der in der Nähe des BZO Bildungszentrums in Niedernhausen-Oberjosbach beginnt und zu jeder Jahreszeit zu einem Spaziergang einlädt. Der Pfad ist beschildert und führt als Rundweg über einen unbefestigten, aber gut sichtbaren Weg durch den Wald. Wer sich für die geologische Entwicklung dieser Region interessiert, kann sich auf mehreren Tafeln informieren, die sich entlang des Weges befinden. Oder man genießt die frische Luft, hört auf das Rascheln in den Gräsern und versucht, zwischen den Bäumen einen Blick aufs Tal zu bekommen.

Nach circa ein bis anderthalb Kilometer weist ein Geopfad-Schild nach rechts zum Hohlen Stein. Er ist leicht zu erkennen, denn die

Eine Vertiefung im Hohlen Stein

Felsklippen erheben sich wirklich »markant« zwischen den Bäumen, die sie im Sommer teilweise mit ihren Blättern verdecken. Doch im Herbst und Winter, wenn das Tageslicht die Klippen nur schwach beleuchtet, verströmen diese hoch aufgerichteten Steine Ruhe und Gelassenheit, wirken sie erhaben. Sie scheinen geradezu auf einen herabzuschauen, während man sich ihnen von unten über den kleinen Pfad nähert, der vom Hauptweg abzweigt.

Wenn ich bedenke, dass der Hohle Stein schon Millionen Jahre alt ist, verstärkt sich das Gefühl von Ehrfurcht. Schließlich steht er heute immer noch da, trotz Sturm, Regen, Schnee und Krieg. An Letzteren muss ich denken, als ich gegen Ende des Geopfades einen Bombentrichter sehe, der von einem Bombeneinschlag aus dem Zweiten Weltkrieg stammt.

Doch zurück zum Hohlen Stein. Er ist nicht löchrig, hat keine hohlen Stellen, sondern ist lediglich durch Regen und Schnee an manchen Stellen tief ausgewaschen. Weshalb also »hohl«? Die Bezeichnung soll auf das Wort »hoch« zurückgehen, das im Laufe der Jahrhunderte zu »hohl« wurde. Doch ob »hoch« oder »hohl«, der Hohle Stein gefällt mir und ist für mich der Höhepunkt dieses Rundwegs. Steine werden oft als kalt und tot wahrgenommen, doch für mich zeugen diese Felsen von Leben, denn über die Jahre haben sich tiefe Rillen in sie eingegraben. Der Stein ist ein sehr, sehr alter »Herr«, verglichen mit den ihn umgebenden Bäumen. Was die Felsklippen die Jahrhunderte über wohl so erlebt haben? Waren sie vielleicht ein geheimer Treffpunkt von Liebespaaren, wurden sie als toter Briefkasten benutzt?

Oft dienten solche Felsformationen in prähistorischer Zeit als Kultplätze. Leider ist nicht bekannt, ob das auch auf den Hohlen Stein zutrifft; es gibt keine Hinweise oder Überlieferungen dazu. Sicher ist, dass sich Menschen in der prähistorischen Zeit hier aufhielten.[168]

Der kleine Pfad führt um den Hohlen Stein herum und hinauf. Von oben führt er durch ein Waldstück weiter, bis er wieder auf den breiten Waldweg trifft. Von dort geht es rechts hinunter und bald komme ich auch an dem erwähnten Bombentrichter vorbei, der links am Waldrand zu sehen ist. Dieser Trichter ist tief, sehr tief und er erschreckt mich, denn er erinnert mich daran, dass der Zweite Weltkrieg auch hier so manches Opfer forderte.

Anfahrt: Der Geopfad führt von der Straße »An der Eiche« in Niedernhausen-Oberjosbach rechts in den Wald hinein und ist gut ausgeschildert. Am Wochenende kann auf dem Parkplatz des BZO Bildungszentrums (An der Eiche 12) geparkt werden.

Dreikaisereiche

# Zum Gedenken an drei Kaiser

Eiershausen

36 »Da sehen unsere Bäume im Garten ja besser aus.« Das ist die erste Reaktion, als ich Bilder der Dreikaisereiche in der Familie zeige. Nun ja, auf den Fotos sieht sie wirklich nicht beeindruckend aus: Ein Baum, der jetzt, Anfang April, noch keine Blätter getrieben hat, groß zwar, aber sonst nichts Besonderes – könnte man meinen. Doch als ich vor ihr stehe, bin ich ergriffen. Die Dreikaisereiche steht in einem Waldstück auf einem der Hügel, die Eiershausen bei Eschenburg im Schwarzbachtal umgeben. Sobald man sie erblickt, weiß man, dass es ein besonderer Baum ist. Sein breiter Stamm hat sich schon früh geteilt und nun strecken und recken sich die Äste in alle Richtungen. Teilweise berühren sie andere Bäume, so, als ob sie sich gegenseitig begrüßen würden.

Die anderen Bäume stehen in einem größeren Abstand von der Dreikaisereiche entfernt und ich kann nur vermuten, wie tief die Wurzeln der Eiche reichen. Obwohl sie von den Bäumen umgeben ist, steht sie doch für sich allein. Das finde ich sehr anrührend.

Bei der Dreikaisereiche handelt es sich um eine Stieleiche mit kugelförmiger Krone und reicher Verzweigung. Sie können bis zu 50 Meter hoch werden und gehören mit einem möglichen Alter von über Tausend Jahren zu den langlebigsten Baumarten.[169] Daran gemessen ist die 1888 gepflanzte Dreikaisereiche sehr jung und hat noch viele Möglichkeiten, sich zu entfalten.

Die Stieleiche war fast im gesamten gemäßigten Europa verbreitet. Im Laufe der Jahre wurde sie jedoch zugunsten schnell wachsender Nadelbäume bis auf kleine Restbestände zurückgedrängt. Erst in den letzten Jahren begann man damit, wieder zunehmend Eichen anzupflanzen.[170]

Ein Vogel fliegt zwischen den Ästen herum und scheint in der

Die Dreikaisereiche im Frühjahr

Morgensonne im Stamm nach Insekten zu suchen. Die Sonne ist noch nicht auf ihrem höchsten Stand und die schwachen Sonnenstrahlen betonen die feinen und doch starken Äste der Eiche.

Doch warum heißt sie eigentlich Dreikaisereiche? 1888 war für das Haus Hohenzollern ein trauriges und aufwühlendes Jahr: Am

Die blühende Dreikaisereiche

9. März 1888 starb Kaiser Wilhelm I., sein Sohn Kaiser Friedrich III. folgte ihm ins Amt, starb allerdings nach nur 99 Tagen am 15. Juni 1888 an Kehlkopfkrebs. Auf Friedrich III. folgte sein Sohn Kaiser Wilhelm II., der bis zu seiner erzwungenen Abdankung am 9. November 1918 Deutschland regierte.

Wahrscheinlich wurden 1888 zu Ehren dieser drei Kaiser drei Eichen gepflanzt, von denen jedoch zwei eingingen.[171]

Anfahrt: Fahren Sie in Eiershausen an das Ende der »Arthel«-Straße und folgen Sie dem unbefestigten Waldweg geradeaus. Nach einer kleinen Rechtskurve geht ein sichtbarer Waldweg rechts ein Stück nach oben, wo die Eiche steht.

Kathuser Seeloch

# Riesen, Jungfrauen und ein Zettel

Kathus

37 Idylle – das ist das erste, was mir einfällt, als ich am Ufer des Kathuser Seelochs stehe. Es klingt kitschig, passt aber irgendwie. Umgeben von Bäumen und Sträuchern liegt das Seeloch circa fünf bis zehn Minuten vom Kathuser Friedhof entfernt auf einer kleinen Anhöhe. Die Sonnenstrahlen brechen sich auf dem Wasser, die umgebenden Bäume spiegeln sich verzerrt auf der Wasseroberfläche, Vögel zwitschern, ein leichter Wind bewegt die Blätter.

Es ist der perfekte Ort für ein Picknick oder um einfach zu sich zu kommen und jeden Stress von sich abfallen zu lassen.

... dabei ist das Seeloch »nur« ein Erdfallsee mit einem Durchmesser von ca. 50 m und einer Tiefe von ca. 15 m – im Grunde eine kleinere Version des Nassen Wolkenbruchs in Trendelburg.

Das Kathuser Seeloch

Fieberklee

Anhand von Pollenanalysen wurde festgestellt, dass es sich vor der letzten Eiszeit gebildet hat – vor circa 120.000 Jahren.[172] Entstanden ist es durch Salzauslaugung: Dabei dringt Wasser von der Erdoberfläche durch das mehrere Hundert Meter (circa 490 Meter) starke Deckgebirge aus Sandstein bis zum mit Bruchlinien durchzogenen Zechstein. Das Wasser laugt das Zechsteinsalz aus[173] und es entstehen Hohlräume. Weiten sich diese aus, bricht das Deckgebirge und an der Oberfläche entsteht ein Erdfall.

Dieser Vorgang ist aber nicht abgeschlossen, sondern kann immer wieder auftreten, da sich der Erdfall beständig weiter ausdehnt, je mehr Salz ausgelaugt wird. Der letzte größere Einbruch geschah Mitte Februar 1969, wodurch der Wasserspiegel des Seelochs um vier bis fünf Meter sank und sich der Trichter erheblich vergrößerte.[174] Über die Jahre stieg das Wasser wieder und an den Steilufern kam es zu Nachbrüchen.

Eine Besonderheit dieses Sees ist die »schwimmende Insel«, die mir nicht sofort auffällt, da sie rechts am Ufer des Sees liegt und mit ihren

Gräsern und Bäumen aussieht, als ob sie Teil des angrenzenden Waldes wäre. Das dicke Geflecht aus Schilf, Wurzeln und anderen Pflanzen hat den Boden dieser Insel so stabil gemacht, dass Birken, Ohr-Weiden, Schnabel-Seggen, der Breitblättrige Rohrkolben und Fieberklee auf ihr wachsen können.[175] Im Frühjahr kann man hier zahlreiche Amphibien beobachten, die den Erdfallsee als Laichgewässer nutzen. Seit 10. September 1979 ist das Seeloch flächenhaftes Naturdenkmal.

Das Kathuser Seeloch hat übrigens noch mehr als Natur zu bieten. Und mal ehrlich, was wäre ein solcher Ort ohne Sage? Davon gibt es allerdings gleich drei.

So soll das Seeloch entstanden sein, weil Riesen zu laut feierten. Hier oben stand »in uralten Zeiten«[176] ein prachtvolles und großes Schloss, in dem böse und gewalttätige Riesen wohnten, die »in üppiger Schwelgerei ihre Tage verbrachten. Ihre lauten Feste und Zechgelage währten oft bis zum Morgen«[177]. Einmal war es wieder zu laut, »das Lachen, Singen und Gejohle durchhallte die Nacht und schien immer ausgelassener zu werden«[178]. Und dann geschah es: »Da tat sich plötzlich die Erde auf und verschluckte das Haus mit seinen reichen Schätzen und den lärmenden Gästen und zugleich öffnete der Himmel seine Schleusen und füllte den Abgrund, in den das Schloss versunken war, mit Wasser.«[179] Das wirft natürlich die Frage auf, ob die neuen Einbrüche und die damit verbundene Ausdehnung des Seelochs Zeichen für weitere ausgelassene Feste der Riesen sind.

Doch wie sieht es mit der Tiefe des Seelochs aus? Die wollten Bauern in Kathus prüfen, denn es wurde erzählt, dass Loch sei bodenlos. Also nahm jeder Bauer einen langen Stock, um die Tiefe zu messen. Sie banden eine Pflugschar an den ersten Stock und ließen sie hinunter. Dann banden sie einen Stock nach dem anderen an, bis alle Stöcke angebunden waren, doch noch immer war die Pflugschar nicht am Boden. Sie zogen die Pflugschar wieder heraus und was fanden sie, als sie sie aufs Land setzten? Einen an der Pflugschar festgebundenen Zettel, auf dem stand: »Wenn so etwas wieder geschieht, wird die ganze Gegend überschwemmt werden.«[180]

Nicht weniger unglaublich ist die dritte Sage: »Auf der Kirmes in Kathus zeigten sich früher oftmals drei schöne, verschleierte Jungfrauen, die an den Freuden der Jugend fröhlichen Anteil nahmen und wegen ihres freundlichen Wesens bei allen wohlgelitten waren. Niemals schlugen sie einem Burschen, der um einen Tanz bat, die Bitte ab, und jeder fühlte sich hochgeehrt, wenn er mit einer von ihnen getanzt hatte. Keiner wußte, wer sie waren und woher sie kamen. Nur das fiel allgemein auf, daß sie jedesmal um Mitternacht verschwunden waren. Als sie nun wieder einmal auf der Kirmes erschienen, beschloß ein Bursche, dem Geheimnis auf die Spur zu kommen. Er behielt sie scharf im Auge, und als er merkte, daß sie sich verstohlenerweise zum Aufbruch rüsteten, um ohne Aufsehen zu verschwinden, bot er sich ihnen als Begleiter an. Aber sie gebrauchten allerlei Ausflüchte und suchten von ihm loszukommen. Sie wären auch schon längst auf- und davongegangen, wenn er nicht die Handschuhe der einen an sich genommen hätte. Sie bat ihn mit ängstlicher Stimme, ihr doch die Handschuhe wiederzugeben, sie dürfe ohne sie nicht zurückkommen. Auch die anderen Jungfrauen stimmten in die Bitte ein, aber der Bursche sagte nur: ›Vor eurer Haustür sollt ihr sie wiederhaben.‹ Während sie so redeten, hörte man auf einmal das Horn des Nachtwächters, der die zwölfte Stunde blies, und den Schlag der Uhr vom Hersfelder Kirchturme. Da stürzten die Jungfrauen aus dem Saale hinaus, der Bursche hinter ihnen her. In toller Jagd ging es nach dem Seeloche hinauf, hier sprangen die drei Mädchen mit einem Schrei in das Wasser. Als der Bursche ankam, sah er drei Blutstropfen aufsteigen, die schwammen auf dem Teiche. Von den Mädchen hat man nie wieder etwas gehört und gesehen.«[181]

Anfahrt: Im Ortszentrum gibt es ein Hinweisschild zum Seeloch, das zum Friedhof führt; dort können Sie Ihr Auto parken. Folgen Sie von dort dem »Lutherweg 21« (gekennzeichnet mit einem grünen L auf weißem Untergrund) bzw. dem K 1 (örtlicher Wanderweg); das Stück zum Seeloch ist Teil beider Wanderwege.

Das Wildfrauengestühl

# Nur ein alter Gerichtsplatz?

Dauernheim

38 »Mei, da war ich schon lange nicht mehr«, war die überraschte Antwort der alten Frau, die ich in Blofeld nach dem Wildfrauengestühl fragte. An sie muss ich jetzt denken, als ich durch den Wald gehe. Eigentlich ist der Weg zum Gestühl sehr leicht zu finden, wenn man weiß, auf welcher Waldseite man einsteigen muss. Im Ort gibt es kein Hinweisschild, lediglich auf der Infotafel an der Bushaltestelle der Hauptstraße ist das Wildfrauengestühl eingezeichnet.

Der Name ist die erste Besonderheit, denn es gibt keinen einheitlichen: Das Gestühl wird als »Wildfrauengestühl« oder »Wild-Frau-Gestühl« bezeichnet, aber auch als »Der wilden Frau Gestühl« oder mundartlich als »De Welle Fraa Gstoihl«.

Vom Waldrand dorthin sind es circa 800 Meter, aber wenn mir die alte Dame nicht gesagt hätte, dass es irgendwann nach links abgeht,

Auf dem Weg zum Gestühl

Das Wildfrauengestühl

wäre ich wohl am Gestühl vorbeigelaufen. Es liegt nicht direkt am Waldweg, sondern einige Meter weiter im Wald.

Bis auf das kleine Holzdach der Infotafel fällt mir von der Ferne aus nichts Besonderes auf. Ein typischer Wald mit Bäumen, Waldblumen und ein paar Steinen. Doch als ich näher komme und mir letztere genauer anschaue, fällt mir der rechteckige Stein mit seinen drei Vertiefungen auf. Sie sehen wie Sitzplätze aus. Eine Theorie besagt, dass es sich bei dieser Steingruppe um einen alten germanischen Gerichtsplatz handelt, eine sogenannte Dingstätte (oder Thingstätte). Auf dem Stein sollen die Richter gesessen haben, deren Gesicht nach Osten zur Sonne wies. Rechts davor saß der Kläger, hinter ihm waren Doppelplätze, auf denen wohl seine Zeugen Platz nahmen. Links, auf der Nordseite, saß der Beklagte. Normalerweise waren auch acht Schöffen an dem Verfahren beteiligt, von diesen acht Plätzen sind allerdings nur noch drei vorhanden. Auf der Infotafel veranschaulicht eine Skizze, wie die Sitzplätze angeordnet waren. Der Steinkreis ergibt nach alten heimischen Maßstäben zwei Königstruhen und hat somit einen Durchmesser von circa zehn Metern, die »genau der Forderung nach der Größe eines altehrwürdigen Gerichtsplatzes«[182] entsprechen.

Der Richterstuhl

Die Steinsitze sehen nicht sehr bequem aus. Ich bin aber doch etwas überrascht, als ich lese, dass an den hohen Gerichtstagen, dem Freitag nach Heilig Drei König, nach Himmelfahrt und nach Remigius (1. Oktober) auf jeden Platz ein Sitzkissen gelegt wurde. Aus welchem Material die wohl waren? Aus Stroh? Aus getrocknetem Moos?

Der Gerichtstisch, der zu jedem Gerichtsplatz gehörte und auf dem die richterlichen Insignien lagen, befindet sich seit der Verlegung des Gerichts nach Bingenheim bei der dortigen Kirche.[183] Dass es sich hier um eine solche Dingstätte handeln könnte, ist nicht die einzige Erklärung für die Steine.[184]

Sie könnten auch von einer alten Opferstätte zeugen, die Vertiefungen wurden womöglich als Näpfchen und Schalen genutzt, denn auch Beeren und Kräuter wurden einst geopfert.[185] Erwähnungen in Urkunden aus dem Mittelalter sowie Funde unweit des Wildfrauengestühls legen eine »Steinerstatt«-Siedlung nahe, eine »Stätte bei den Steinen«. Untersuchungen einiger Heimatforscher haben ergeben, dass die Steinsetzung als Sonnenbeobachtungspunkt und Sonnenkalender genutzt wurde. Die Lage am Osthang spricht dafür: Er bietet einen idealen Blick auf den weiten Bogen vom nördlichsten bis zum südlichsten Sonnenaufgangspunkt zur Sommer- bzw. Wintersonnenwende.[186]

Aber warum wird hier von der »Wilden Frau« gesprochen? Ist vielleicht die germanische Göttin Hulda oder Holle gemeint, die wir aus den Märchen kennen und die als Hüterin der Fruchtbarkeit, des Ackerbaus und der Viehzucht sowie des häuslichen Handwerks und der weiblichen Tugenden galt?[187] Die »Wilde Frau« gibt es ja noch an vielen weiteren Orten in Hessen, darunter auch in Schlangenbad, wo sie als flächenhaftes Naturdenkmal ausgewiesen ist.

Sogar Jacob Grimm erwähnte in seiner »Deutschen Mythologie« von 1835 das Wildfrauengestühl: »Im Gestein sind die Glieder sitzender Menschen abgedrückt. Die wilden Leute, meint das Volk, hausten da, ›wie die Schtan noch mell warn‹ (als die Steine noch weich waren); nachher wurden sie verfolgt, der Mann entfloh, Frau und Kind blieben zu Dauernheim bis an ihren Tod in Gewahrsam.«[188]

Eine ähnliche Geschichte erzählt auch Johann Wilhelm Wolf: »Von der wilden Frau Gestühl geht die Sage, es hätten sich hier in alter Zeit drei wilde in Felle gekleidete Menschen aufgehalten – ein Mann, eine Frau und ein Kind – und die drei Sitze auf dem großen Felsstück seien noch Eindrücke, wo sie gesessen. Die Einwohner Dauernheims hätten aber Jagd auf diese Wilden gemacht. Der Mann sei entkommen, aber Frau und Kind seien gefangen worden. Was indessen aus diesen Beiden geworden, hat die Sage nicht weiter aufbewahrt. Nach einer Mitteilung des Pfarrers M. Johannes Draudt zu Dauernheim vom Jahre 1653 wären im Sommer 1604 zu verschiedenen Malen bei helllichtem Tage an der wilden Frau Gestühl drei weiße Gestalten gesehen worden.«[189] Übrigens: Geologisch betrachtet, handelt es sich bei den Steinen um Basaltblöcke.

Anfahrt: Am besten kommen Sie zum Gestühl, wenn Sie von Blofeld aus der Landstraße in Richtung Randstadt folgen und dann nach rechts in einen breiteren Feldweg einbiegen, der zum Wald führt. Am Waldrand gibt es den ersten Wegweiser.

Teufelstein

# Ein Teufel mit Liebeskummer weist den Weg

Poppenhausen (Wasserkuppe)

39 Der liebeskranke Teufel, der mit tief herunterhängenden Mundwinkeln so traurig auf seinem Holzbalken sitzt, ist wirklich zu bemitleiden und gleichzeitig der perfekte Wegweiser auf meiner Suche nach dem Teufelstein. Der Holzteufel ist Teil der Poppenhausener Kunstmeile (die aus verschiedenen Holzstatuen besteht) und sitzt an der Kreuzung, an der es links zum Naturdenkmal Teufelstein geht.

Ich bin heute Morgen eine der ersten, die hier unterwegs ist. Wanderer, die sonst einem der vielen Wanderwege zur Wasserkuppe folgen, sind noch nicht zu sehen. Das macht es besonders schön hier. Ich habe eine weite Sicht über die Rhön, mit Dörfern in den Tälern und hier und da einem Hof auf einem der Hügel. Ich begegne einem

Teufelstein in der Rhön – Gesamtansicht von Südwesten

Der liebeskranke Teufel

Hofhund, der mich freudig umspringt und dann voller Begeisterung durch das Gras läuft, und Kühen, die sich zu wundern scheinen, wer so früh schon unterwegs ist.

Vom Parkplatz zum Teufelstein ist es nur ein Kilometer, dennoch bin ich überrascht, als plötzlich links neben mir eine steile Grünfläche erscheint und ich ganz oben ein paar Steine glitzern sehe. Mir fällt erst nur ein kleiner Steinhügel auf, der kaum einen Meter hoch zu sein scheint, bis ich genauer hinschaue und die Spitze des Teufelsteins sehe, der über den Bäumen hervorragt.

Der Stein erinnert mich an einen König, der auf seinem Thron sitzt und von hier oben auf sein Reich hinabschaut. Ja, es ist eher ein König, ein wohlwollender – im Gegensatz zum Satan. Und so passt der Name Teufelstein meines Erachtens irgendwie nicht zu diesem erhabenen Felsen.

Zur Namensgebung selbst gibt es keine eindeutigen Angaben. In Archivmaterial aus dem Jahr 1798 gibt es einen Hinweis auf den »Mittelberger Hut am Teufelsteine«. Zum ersten Mal kartografiert wurde die Gegend 1853/1854 von Geometern aus Kassel. Vielleicht fragten diese nach den Namen der Hügel und Felsen und jemand sagte damals »das ist der Teufelstein«.[190]

Teufelstein heißt sowohl der Berg (729,4 Meter ü.NN) als auch die Felsformation auf seiner Spitze, die als Naturdenkmal ausgewiesen ist. Er ist ein 200 Meter langer, aus dem Solling-Sandstein des Mittleren Buntsandsteins heraus präparierter, gangförmiger nephelinitscher Phonolit-Körper mit Einschlüssen von Glimmer- und Hornblendeschiefer,[191] ein »Miniaturgebirge mit Blockmeer, Basaltklippen, stehenden Säulen und ›Hauptmassiv‹« [192].

Ich folge dem schmalen Pfad, der um den Teufelstein herumführt. Manche der Felsstücke ragen nach oben, an anderer Stelle bilden herumliegende Gesteinsbrocken ein kleines Steinmeer, einige der Steine sind mit Moos bedeckt, dazwischen wachsen Farne und Gräser, die sich durch die Ritzen im Fels zum Licht gekämpft haben. Das Hauptmassiv als oberer Teil der Spitze sieht tatsächlich wie ein kleiner Berg aus.

Ich sehe zwar nur Stein und Fels, als ich um ihn herumgehe, aber dennoch wirkt der Teufelstein warm, gerade so, als würde er leben. Tatsächlich verändern sich Steine über die Jahrtausende, es ist nur nicht so offensichtlich wie bei Bäumen, die im Frühling blühen und im Herbst ihre Blätter verlieren.

Das »Hautmassiv« des Teufelsteins

Es fällt mir schwer, das Naturdenkmal zu verlassen. Am liebsten würde ich hier stehen und dabei zusehen, wie das Sonnenlicht über den Tag hinweg die Felsformation beleuchtet und wie der Stein in verschiedenen Farben zurückstrahlt.

Der Teufel begleitet mich auch auf dem Rückweg. Aus einem kleinen, abgeschnittenen Baumstamm an einem der Häuser auf dem Weg zum Naturdenkmal wurde ein Teufelsgesicht geschnitzt und rot angemalt, nur wenige Häuser weiter steht eine kleine steinerne Marienstatue in einem kleinen Gemüsegarten vor dem Haus. Teufel und Gott nebeneinander. Hier oben ist das problemlos möglich.

Anfahrt: Ein guter Ausgangspunkt ist der Parkplatz Grabenhöfchen in Poppenhausen. Von dort links der Poppenhausener Kunstmeile bis zum »liebeskranken Teufel« folgen, dann geht es links weiter. Nach circa 300 Metern führt wieder ein Weg links ab. Ab dem »liebeskranken Teufel« gibt es aber auch Wegweiser.

Jägersburg

# Vogelschutz auf dem Boden einer Burg

Odershausen

40 »Wissen Sie, was ein Wünschelrutengänger ist? Der Wünschelrutengänger hat nach dem Verlauf des Wassers gesucht und so wussten wir, wo der Brunnen ist, der mitten in der Jägersburg stand.« Aus Überlieferungen war bereits bekannt gewesen, dass es früher einen Burgbrunnen gegeben hatte und »nach der zweiten Baggerschaufel waren die Mauern des ehemaligen Brunnenschachts zu sehen. [...] Die eingefallenen Natursteinmauern wurden wieder instandgesetzt und eine neue Brunnenumrandung gemauert. Die Steine dafür holten die Odershäuser aus den umliegenden Steinbrüchen«.[193] Das war 2006.[194]

Ich habe Glück: Beim Naturdenkmal Jägersburg bei Odershausen treffe ich zufällig auf den ehemaligen Forstwirt, der mir viel über die Burg und die Gegend erzählt.

Das Naturdenkmal Jägersburg war tatsächlich eine Burg, von der bis auf eine Trockenmauer und den später errichteten Brunnen in der Mitte heute nichts mehr zu sehen ist.

Fürst Friedrich Anton Ulrich zu Waldeck und Pyrmont ließ sie 1718 erbauen, um das höfische Treiben durch Jagden mit hohen Wildbeständen zu bereichern. Beim Bau der Burg orientierte er sich an der Lebenshaltung des Sonnenkönigs Ludwig XIV., allerdings bestand die Jägersburg nur 140 Jahre. Den Nachkommen des Fürsten fehlte die Leidenschaft für das Jagen und über die Jahre verfiel die Burg zusehends. 1857 wurde sie schließlich zum Abbruch verkauft und die Steine, das Holz und die Ziegel wurden beim Häuserbau in Bad Wildungen eingesetzt. 1862 war der Abbruch beendet.

Am Rand der Jägersburg befindet sich eine Holzhütte, in der an den Wänden Informationen zu diesem und anderen Naturdenkma-

Der Brunnen in der Jägersburg

len in Odershausen stehen, auch eine Beschreibung eines der letzten Bewohners der Burg ist dort, der 1846 mit seinen Eltern hier ein Zuhause fand. So »hätte [die Jägersburg] noch Jahrhunderte überdauert, denn sie war aus gutem Eichenholz gefügt. Es war auch ein schöner vierstöckiger Bau, richtig viereckig und an allen vier Ecken einen Anbau [Pavillon] mit je einer Stube und Küche. […] Man ging über Brücken hinein. […] Im 2. Stock befand sich ein geräumiger Saal, von allen vier Seiten, also den Anbauten, führten Türen hinein […] Neben der Burg stand eine Scheune. In ihr befanden sich eine ganze Menge Pferdeställe mit Kutschenlogis und Schuppen für die Chaisen, während der obere Teil als Heuboden diente.«[195]

Ich bedaure ein wenig, dass die Jägersburg heute nicht mehr steht. Im Laufe der Zeit hat sich der Wald die Fläche (circa 0,65 Hektar) wieder zurückgeholt und als ich hindurchgehe, bemerke ich keinen Unterschied zum angrenzenden Wald. Die Jägersburg ist heute ein Vogelschutzgehölz (Gehölzkomplex), aber nicht nur Vögel fühlen sich hier wohl. Als ich zur Trockenmauer gehe, ein aufgeschütteter Erdwall, der um die Burg herumführte, sehe ich etwa drei Meter von mir entfernt ein Reh in aller Ruhe im nebenliegenden Feld grasen.

Ein schmaler Pfad führt durch das Naturdenkmal hindurch, vorbei an dem Brunnen, sodass ich langsam ein Gefühl dafür bekomme, wie groß dieses flächenhafte Naturdenkmal ist.

Die Jägersburg liegt am Kellerwaldsteig. Dieser führt auf circa 156 Kilometern als Rundweg durch den Kellerwald um den Edersee und ist Teil des kürzeren Naturerlebnispfades Odershausen, der als Teilprojekt zur Landesgartenschau 2006 in Bad Wildungen auf

Grauspecht

Waldkauz

einem Teilstück des bestehenden Kellerwaldsteiges umgesetzt wurde.[196] Auf diesem Naturerlebnispfad gibt es neun Stationen mit Attraktionen rund um Odershausen – darunter Hutebuchen, Süntelbuchen (ebenfalls Naturdenkmale), das Naturschutzgebiet Sondertal/Talgraben sowie das Biotop Feuerlöschteich.

Übrigens: Wenn Sie vom Landwirtschaftsweg nicht zur Jägersburg abbiegen, sondern stattdessen dem Weg weiter geradeaus nach Hundsdorf folgen, erreichen Sie nach circa 500 Metern ein weiteres flächenhaftes Naturdenkmal. Es handelt sich hierbei um den »Verlandeten Teich mit Großseggenried«.

Anfahrt: Die Jägersburg befindet sich zwischen Odershausen und Hundsdorf. In Odershausen stehen schon im Zentrum Wegweiser zur Jägersburg; diese führen zu einem Parkplatz am Ortsrand. Von dort verläuft ein circa zwei Kilometer langer asphaltierter Landwirtschaftsweg zur Jägersburg. Bei den kleinen Wegkreuzungen stehen weitere Wegweiser. Vom Hauptweg sind es nur noch 100 Meter nach links beziehungsweise 100 Meter nach rechts, wenn Sie von Hundsdorf kommen.

Süntelbuchen

# Tänzer im Wald

Odershausen

41 Wenn man die Jägersburg aufsucht, sollte man sich die Süntelbuchen nicht entgehen lassen. Sie sind nur anderthalb Kilometer entfernt und der Weg dorthin geht außen an der Jägersburg am Feld vorbei in den Wald hinein. Der Kellerwaldsteig führt hier ebenfalls entlang, allerdings ist das kleine »K« erst im Wald zu sehen; es gibt bei der Abzweigung zur Jägersburg auf dem Landwirtschaftsweg aber ein kleines Hinweisschild zu den Süntelbuchen.

Im Gegensatz zum Krausbäumchen in Dornholzhausen, bei dem man den gedrehten und in sich gewundenen Stamm nur sieht, wenn man sich ein wenig bückt, erkennt man diese Besonderheit bei den Süntelbuchen in Odershausen sofort.
Rechts und links des Wanderpfades stehen drei von ihnen nahe beieinander, die vierte findet man ein wenig weiter entfernt im Wald. Eine der Süntelbuchen hat es mir besonders angetan: Man könnte sie ganz romantisch als zwei in sich verschlungene Liebende oder als hingebungsvolle Tänzer beschreiben, so windet sich der zweigeteilte Baumstamm umeinander, verdrehen sich die Äste ineinander. Es ist erstaunlich, wie grazil dieser Baum wirkt. Der Baumstamm hat sich schon kurz über dem Waldboden geteilt, dennoch sehen die beiden Stämme fast identisch aus, keiner scheint dicker oder länger als der andere zu sein. Als ob sie sich entschlossen hätten, ihren Weg nur gemeinsam zu gehen.

Sie strecken sich unten gemeinsam nach hinten und nähern sich weiter oben wieder an. Sie lassen jedes Tanzpaar vor Neid erblassen, so harmonisch wirkt das Ganze. Die Äste winden sich umeinander, als würden sie sich liebevoll umarmen. Es ist ein Spiel aus Drehen und Winden bis in die Spitzen.

Je länger ich den Baum anschaue, umso eindrücklicher ist er. Da

Grazil bis in die Spitzen

sind Äste so miteinander verwoben, dass in der Mitte ein kleines Loch entstanden ist, durch das man hindurchsehen kann. Ein Ast hat den perfekten 90 Grad-Winkel, manche Äste formen ein Quadrat, wieder andere bilden Täler und Berge durch ihre wellenartige Form.

Ineinander verwobene Äste der Buche

Es wird vermutet, dass diese Süntelbuchen aus dem Süntelgebirge stammen und ein Geschenk für den Erbauer der Jägersburg waren.[197] Wie alt sie sind, ist nicht genau bekannt, doch im Gegensatz zu gewöhnlichen Buchen, Linden oder Eichen werden Süntelbuchen leider nicht sehr alt. Es gibt kaum Exemplare, die älter als 200 Jahre sind. 1985 wurden die Süntelbuchen hier bei Odershausen unter Naturschutz gestellt.

**Anfahrt:** Folgen Sie im Zentrum von Odershausen den Hinweisschildern zur Jägersburg. Auf dem Landwirtschaftsweg zur Jägersburg (außerhalb von Odershausen) kommt an einer Wegkreuzung der erste Hinweis zu den Süntelbuchen.

Die Blauen Steine

# Ein Gruß aus dem Pleistozän

Zierenberg

42 Tatsächlich, die Steine leuchten blau, zwar erst auf dem Foto, aber sie sind ohne Zweifel blau. Das ist mir nicht aufgefallen, als ich in Zierenberg den Habichtswaldsteig bergauf ging und nach circa 200 Metern die ersten Steine über mir sah.

Die Blauen Steine sind ein circa zwei Hektar großes Basaltschuttfeld am Südwesthang des Großen Schreckenbergs in Zierenberg, das fast vegetationsfrei ist; es gibt lediglich ein paar Linden, die es geschafft haben, ihre Wurzeln zwischen den Steinen in die Erde zu graben und genügend Halt zu finden, um zu wachsen. Im Übergang zum Buchenwald mit Langblättrigem Waldvöglein gibt es gut ausgebildete Säume mit zahlreichen Salbei-Gamandern. Östlich des Waldes grenzt ein abgestorbener Ulmenbestand an.[198]

Seit September 1968 ist das Basaltschuttfeld ein Naturdenkmal, wobei für seinen Schutz die »Seltenheit, Eigenart und Schönheit sowie die vegetationskundliche, zoologische und geologische Bedeutung«[199] maßgeblich sind. Im Buch »Natürliches Kulturgut« der Unteren Naturschutzbehörde finde ich eine Erklärung, woher die kleinen Basaltbrocken kommen: Im Pleistozän, also vor 1,8 Millionen Jahren, wechselten sich Kalt- und Warmzeiten häufig ab, wodurch es zu wiederholtem Vorrücken und Zurückweichen der Gletscher in Mitteleuropa kam. Nordhessen gehörte während der Kaltphasen dem Periglazialraum an (Bereich vor dem Eisrand), wo verschiedene Prozesse unter dem Einfluss des Bodenfrosts beziehungsweise des ständigen Frostwechsels stattfanden. Es kam zu Fluss- und Schuttbildungen sowie Ablagerungen von Löss (ein feines Sediment), der vom Wind hierher gebracht wurde. Die intensive physikalische Verwitterung während der Kaltzeiten führte zu einer ausgedehnten Schuttbildung, vornehmlich in höher gelegenen Gebieten – wie bei unseren Blauen Steinen.[200]

Die Blauen Steine

Warum die Steine blau aussehen, ist nicht ganz klar. Es wird angenommen, dass der Lichteinfall den eigentlich dunkelgrauen Steinen diesen blauen Schimmer gibt.[201] Auf dem Foto ist dieser Blaustich wirklich gut zu erkennen.

Der Habichtswaldsteig bietet eine gute Möglichkeit, die Blauen Steine zu sehen und die Gegend kennenzulernen. Er beginnt in Zierenberg und führt über 85 Kilometer (Hauptweg) durch den Landkreis Kassel, den Schwalm-Eder-Kreis, den Landkreis Waldeck-Frankenberg und endet am Edersee.[202]

Wer wenig Zeit hat und sich vor allem für die Blauen Steine interessiert, beginnt gleich in Zierenberg (1. Etappe des Habichtswaldsteigs von Zierenberg zum Firnsbachtal).[203]

Anfahrt: Fahren Sie in Zierenberg zur Stettiner Straße/Feriendorf, die an den Waldrand grenzt. Dort geht der Habichtswaldsteig nach wenigen Metern links ab. Der Einstieg ist mit dem weißen Habichtskopf auf purpurnem Grund gut ausgeschildert. Folgen Sie dem teilweise schmalen Pfad mit seinen engen Kehren nach oben; nach circa einer halben Stunde erreichen Sie das Geröllfeld der Blauen Steine. Wenn Sie den Weg weiter nach oben laufen, gelangen Sie schließlich zur alten Warte, von der Sie eine schöne Aussicht auf das Tal haben.

Toteneiche

# Rastplatz für die Lebenden und die Toten

Rodheim-Bieber

43 Es gibt diese Bäume, bei denen man schon von Weitem sieht, dass sie etwas Besonderes sind. Die Toteneiche im Biebertal ist für mich ein solcher Baum.

Die Stieleiche steht an der Verbindungsstraße zwischen Rodheim-Bieber und Fellinghausen und fällt mir sofort auf: ihre Größe, die ausladenden Äste, der dicke Stamm. Doch erst als ich vor ihr stehe, erkenne ich, wie mächtig er tatsächlich ist. 1985 hatte er einen Umfang von 355 Zentimetern, seitdem hat er sicherlich ein paar Zen-

timeter dazugewonnen. Ich kann mir vorstellen, wie Kinder um die Eiche herumtanzten, wie Familien sich hier für ein Picknick trafen oder Wanderer eine Rast einlegten und unter den Ästen vielleicht sogar ein Nickerchen machten, bevor sie weiterzogen.

Die Toteneiche war tatsächlich ein Treffpunkt, allerdings »der traurigen Art«: Bis in das Jahr 1710 wurden Tote aus Fellinghausen nicht in ihrem Ort, sondern in Rodheim bestattet. Auf dem Weg nach Rodheim über den Bauroth legte der Trauerzug bei der Toteneiche Rast ein und die Leichenträger wechselten. Dann ging es weiter nach Rodheim, wo der Tote auf dem Friedhof bestattet wurde. Daher kommt auch der Name »Toteneiche«.

Es werden also kaum Kinder um den Baum getanzt sein und Familien werden wohl auch nicht in ihrem Schatten gepicknickt haben.

Wie viele der Trauernden nutzten die Rast für ein stilles Gebet für den Verstorbenen, wie viele Leichenträger waren froh, sich bei der Toteneiche ausruhen zu können, den Sarg abzulegen und die Schultern zu entlasten? Wie viele der Trauernden lehnten sich an den Baum, um so etwas Trost zu finden? Erzählte der Sohn der Eiche vielleicht von seinem Vater, wie ihm dieser über viele Stunden geduldig das Schnitzen beibrachte? Oder zählte eine Tochter dem Baum auf, wie oft die Mutter den Saum ihres Kleides wieder annähen musste, weil sie als kleines Kind immer drauftrat?
Ob es auch heute noch Menschen gibt, die zu der Eiche gehen und von ihrem Leben erzählen? Überraschen würde es mich nicht. Vor allem alte Bäume strahlen Ruhe und Beständigkeit aus, es ist, als ob sie wüssten, wie es in der Welt zugeht, weil sie schon so lange auf ihr leben und schon so viel gesehen haben.

Die Eiche könnte sicherlich viele Geschichten erzählen, vor allem wenn man bedenkt, wie alt sie ist: Bis 1710 diente sie als Rastplatz, wahrscheinlich war sie schon vorher ein auffälliger Baum, sonst hätten die Menschen sie nicht als Haltepunkt gewählt. Das heißt, sie muss über 320 Jahre alt sein.[204] Ich vermute, sie ist bedeutend älter. Naturdenkmal ist sie seit 1938.

Die Toteneiche

Anfahrt: Fahren Sie von Rodheim-Bieber nach Fellinghausen. Sie können in der Marschallstraße gleich hinter dem Ortseingangsschild von Fellinghausen parken. Von dort führt ein Spazierweg direkt zur Toteneiche.

Orchideenwiese am Mittelberg

# Naturschutz mithilfe einer alten Rinderrasse

Frankenau

44 Wäre ich Ende Mai hier gewesen, hätte ich sehen können, wie das Breitblättrige Knabenkraut die Orchideenwiese in ein purpurrotes Blütenmeer verwandelt. Jetzt, Anfang Juni, stehe ich vor einer auf den ersten Blick unscheinbaren grünen Wiese, an manchen Stellen durchsetzt von roten und gelben Farbtupfern.

Die Orchideenwiese am Mittelberg bei Frankenau ist ein Feuchtwiesenkomplex. Sie liegt direkt an der Straße, fällt als Naturdenkmal jedoch nicht sofort auf, da das Gelände von der Straßenkante an leicht abschüssig ist und Bäume den Blick auf die Wiese teilweise verdecken. Auch das Naturdenkmal-Schild ist nur von einer Fahrtrichtung aus richtig zu sehen.

Die blühende Aspenwiese

Die circa 1,08 Hektar große Feuchtwiese mit Waldbinsensumpf-Fragmenten, Kleinseggen- und Borstgrasbeständen bietet nicht nur dem Breitblättrigen Knabenkraut einen Lebensraum, sondern auch der Sumpfdotterblume, dem Wald-Engelwurz und dem Wiesenschaumkraut.

Der Neuntöter, die Goldammer und der Sumpfrohrsänger sowie der Bläuling, das Klee-Widderchen und der Grasfrosch finden hier ideale Bedingungen.[205]

Der NABU Waldeck-Frankenberg kümmert sich intensiv um die Orchideenwiese. Angefangen hat sein Engagement mit der Aspenwiese, die in der Nähe der Orchideenwiese liegt und eine Fläche von circa 2,14 Hektar aufweist. Die Aspenwiese ist ebenfalls ein Feuchtwiesenkomplex mit einer artenreichen Wiesenflora. Das ist unter anderem darauf zurückzuführen, dass sie über Generationen hinweg nie gedüngt wurde. Auf ihr gibt es heute circa 20 verschiedene Wiesentypen mit der dazugehörigen spezifischen Flora.[206]

Während seiner Bemühungen um die Aspenwiese wurde der NABU auf die Orchideenwiese am Straßenrand aufmerksam, die auf einer kleineren Fläche als die Aspenwiese eine ähnliche Artenvielfalt an gefährdeten Pflanzen und Tierarten aufweist. Deswegen entschied sich der NABU, auch sie in sein Naturschutzengagement aufzunehmen und bemühte sich früh, sie als Naturdenkmal schützen zu lassen. Seit 1991 ist die Orchideenwiese Naturdenkmal.

Um zu verhindern, dass sie durch Düngung der angrenzenden Flächen beeinträchtigt wird, entschloss sich der NABU, die benachbarten Grundstücke ebenfalls zu kaufen.

Danach setzte sich der NABU dafür ein, auch die Aspenwiese als Naturdenkmal ausweisen zu lassen. Das erfolgte 1993.

Da die Erhaltung der Wiesen mit einem großen Arbeitsaufwand verbunden ist, suchte der NABU nach einer geeigneten Möglichkeit, die Wiesen zu pflegen. Dabei besann er sich auf die Beweidung durch Rinder, wie es früher üblich war. Der NABU ließ die Wiesen zunächst mit modernen Hochleistungsrindern beweiden, doch es stellte sich heraus, dass diese Rinderrassen das aus den Wiesen gewonnene Heu, das im Winter verfüttert wurde, nicht verwerten konnten. Sie fraßen nur wenig und magerten ab. Der NABU erwog daher, das in der Region einst typische Rote Höhenvieh einzusetzen. Da es davon aber nur noch wenige Tiere gibt, entschied sich der NABU für die alte, stark gefährdete Rasse des Hinterwälder Rindes, das in den Höhenlagen des Südschwarzwalds zu Hause ist. Diese kleinste europäische Rinderrasse ist gut für die Beweidung von Hängen und nassen Böden geeignet; sie verursacht keine Trittschäden.[207]

Seither pflegt der NABU circa 35 Hektar der hochwertigsten Orchideenstandorte mit dieser alten Haustierrasse.[208]

Im Frühsommer werden die Wiesen per Hand mit einem Balkenmäher gemäht, das Gras wird im Winter als Heu an die Herde von derzeit circa 20 Tieren verfüttert. Im Herbst lässt der NABU die Rinder auf die Wiesen, wo sie für bis zu fünf Tage (abhängig von der Biomasse) die Orchideenwiesen beweiden.[209] Diese intensive Betreuung der Flächen führte über die Jahre dazu, dass sich die Artenvielfalt auf den Wiesen sichtbar vergrößerte.

Der Einsatz des Hinterwälder Rindes war mit ein Grund, dass nach mehrjähriger Vorbereitung 2014 die »Arche-Region Kellerwald, Frankenau und Umgebung« gegründet wurde. Diese ist nach der »Flusslandschaft Elbe« die zweite in Deutschland und die erste in Hessen.[210] Als Initiative der Gesellschaft zur Erhaltung alter und gefährdeter Nutztierrassen e. V. (GEH) verfolgt sie das Ziel, große Teile der Frankenauer Gemarkung mit alten Haustierrassen zu pflegen und diese vom Aussterben bedrohten Rassen zu erhalten.[211] Zu den alten, geschützten Tierrassen gehören beispielsweise die extrem gefährdete Lippegans und das Deutsche Langschan, die gefährdete Kaninchenrasse Rheinische Schecken, das extrem gefährdete Dülmener Pferd sowie das stark gefährdete Schwäbisch Hallische Schwein.[212]

Mittlerweile ist die »Arche-Region Kellerwald, Frankenau und Umgebung« ein Modellprojekt, das schon oft ausgezeichnet wurde, auch, da die Zusammenarbeit zwischen dem NABU, der Unteren

Knabenkraut

Naturschutzbehörde des Landkreises Waldeck-Frankenberg und der Stadt Frankenau sehr gut funktioniert.

Alle zwei Jahre stellen sich die Partner und teilnehmenden Landwirte der »Arche-Region Kellerwald, Frankenau und Umgebung« an einem sogenannten Arche-Tag vor. Der nächste findet 2018 statt.

Wenn Sie dort vorbeischauen, vergessen Sie nicht, auch einen Blick auf die Orchideenwiesen zu werfen – sie sind ein »Highlight der Region«[213].

Anfahrt: Die Orchideenwiese am Mittelberg liegt an der L 3085 von Frankenau in Richtung Haina (Kloster), die Aspenwiese befindet sich in der Nähe der Orchideenwiese über dem Hügel (den Feldweg an der Orchideenwiese geradeaus den Berg hinaufgehen).

Altbäume und Fledermausstelle

# Ein zu schützendes Kleinstnaturschutzgebiet

Helsen

45 Etwas verwundert bin ich schon, denn ich sehe lediglich ein paar Bäume, von denen einige bereits abgestorben zu sein scheinen. Warum ist dieser Bereich als Naturdenkmal geschützt?

Wie so oft liegt die Besonderheit im Kleinen. Ralf Kubosch von der Unteren Naturschutzbehörde Landkreis Waldeck-Frankenberg, Dienststelle Korbach, nennt solche Bereiche »Kleinstnaturschutzgebiet«, was ich sehr passend finde.

Die Altbäume bedecken circa 0,18 Hektar des Waldes am Ortsausgang von Helsen und gehören zum Waldeckischen Domanialvermögen. 2009 war vonseiten der Unteren Naturschutzbehörde geplant,

Altbäume als Biotop

dort eine einzelne alte Buche als Naturdenkmal auszuweisen, während die Domanialverwaltung anstrebte, den Grenzwirtschaftswald mit seinen Buchen und Eichen zu einem flächenhaften Naturdenkmal erklären zu lassen, um unter anderem auch Fledermäuse zu schützen.[214] 2010 wurde der Bereich schließlich als flächenhaftes Naturdenkmal ausgewiesen.

Der Einsteig zum Naturdenkmal befindet sich direkt neben einem chinesischen Restaurant und einem Reitsportanbieter, es gibt allerdings keinen Wegweiser. Der Weg dorthin wurde schon eine Weile nicht mehr gepflegt, ist aber immer noch sichtbar und ganz gut begehbar. Bei einem Baum sehe ich eine alte Bank. Sie ist ein wenig zugewachsen und verwittert, doch man kann sich immer noch setzen.

Und dann sind da die Bäume. Der Boden ist heute sehr trocken, die dürren Äste und das vertrocknete Laub zerbröseln sofort, als ich auf sie trete. Es ist ziemlich ruhig, die auf der nahen Landstraße vorbeifahrenden Autos sind kaum zu hören. Hin und wieder zwitschern ein paar Vögel in der heißen Mittagssonne.

Die Bäume strecken ihre Äste weit nach oben, ihre grünen Blätter spenden angenehmen Schatten. Zwischen den belaubten Bäumen sehe ich auch einige abgestorbene, die mit ihrem weißen Stamm und den kurzen Ästen herausleuchten. Leben neben Tod – das gefällt mir. Doch auch wenn diese Bäume abgestorben sind, bieten sie als Habitatbäume Insekten, Vögeln, Pflanzen und holzabbauenden Pilzen immer noch ein Zuhause.

Auch Fledermäuse finden hier einen Rückzugsort, vor allem Waldfledermäuse wie der Abendsegler oder die Bechsteinfledermaus. Diese Fledermausarten haben ihre Tag- und Wochenstubenquartiere in Baumhöhlen und -spalten oder hinter absperrenden Rindenplatten. Ihre Beute suchen sie in verschiedenen Stockwerken des Waldes.[215]

Viele Fledermausarten sind leider vom Aussterben bedroht, da die typischen Lebensräume wie alte Bäume oder Häuser mit ihren Ritzen und dem alten Gehölz zunehmend verschwinden.[216]

Ich mag Fledermäuse und finde sie sehr beeindruckend, ihre Fähig-

Bechsteinfledermaus

keit, sich nachts per Echolot zu orientieren, die Augen, die manchmal nicht größer sind als eine Nähnadelspitze, ihre weiten Flügel, mit denen sie kopfüber an Ästen oder in Höhlen hängen und wie liebevoll sich Mütter um ihre Jungen kümmern. Dass Fledermäuse Blut trinken, trifft übrigens nur auf eine einzige Fledermausart zu und die lebt in Brasilien.[217]

Mit seinen Alt- und Habitatbäumen hat dieses flächenhafte Naturdenkmal die besten Voraussetzungen, um dieser bedrohten Tierart eine Heimat zu geben.

Anfahrt: Folgen Sie der L 3078 in Richtung Vasbeck. Kurz vor dem Ortsausgang befindet sich links ein Chinarestaurant, daneben ist ein kleines Reitsportgeschäft. Rechts davon führt ein Weg in den Wald hinein.

Drusenküppel

# Drei in einem: Turmburg, Natur- und Bodendenkmal

Obernhain

46 Es ist ein wenig verwirrend: Der Drusenküppel in Obernhain, auch Drususkippel oder Kalosenkippel genannt, ist eine mittelalterliche Turmhügelburg (sogenannte Motte), die bereits damals keine Steinmauer besaß. Das Naturdenkmal ist die Baumgruppe auf dem Drusenküppel und der Drusenküppel selbst ist ein Bodendenkmal.

Beide sind von der Straße und dem schmalen Wanderweg, der vom Stellweg in Obernhain entlangführt, gut zu sehen, vor allem die hochgewachsenen Bäume auf dem kleinen Hügel, die seit 1990 Naturdenkmal sind, weil es sich um eine »ausgedehnte, markante, zu einem eigentümlichem Rund geschlossene Baumgruppe auf den Resten einer Turmburg und diese markierend handelt«.[218] Ausschlag dürfte zudem die Kombination aus Eigenheit, Schönheit und kulturhistorischer Bedeutung gegeben haben.[219]

Der Drusenküppel

Der Drusenküppel steht auf einer eingezäunten Weide. Einen Weg dorthin gibt es nicht, sodass ich nur von der Ferne aus den Ringgraben erahnen kann, der die Turmburg mit einer Breite von drei bis vier Metern umgibt, sowie den niedrigen Erdaufwurf, der außen um den Ringgraben verläuft. Auf einem Laserscan der Anlage ist zu erkennen, dass der Außendurchmesser des Wallfußes 40 Meter beträgt, zudem wird deutlich, dass die Außenbereiche etwas tiefer sind. Dort wurde wohl Material zum Aufschütten des Walls entnommen.[220]

In der Mitte des Küppels ragt ein Erdhügel auf, der oben eine Plattform von circa 12 Metern Durchmesser bei einer Höhe von über zwei Metern hat.[221]

Bei den Ausgrabungen von August von Cohausen (1871), später von Louis Jacobi (1895) und Heinrich Jacobi (1913) ergab sich, dass die Burganlage keine Steinmauern hatte. Der Drusenküppel war vielmehr eine hölzerne Turmburg. Wie diese genau konstruiert war, ist allerdings unbekannt.[222]

Bei Grabungen in der näheren Umgebung wurden Fundamente aus Trockenmauerwerk, Verhüttungsöfen für Eisen und Schlackhalden mit mittelalterlichen Objekten entdeckt. Aufgrund dieser Funde wird vermutet, dass die Turmburg nur kurze Zeit bestand und mit der mittelalterlichen Eisenverhüttung um Obernhain zusammenhängt.[223] Die Fundstücke sind in der Saalburg ausgestellt.

Da es sich bei dem Drusenküppel auch um ein Bodendenkmal handelt, müssen alle Funde beim Landesamt für Denkmalpflege gemeldet werden. Das Bodendenkmal erstreckt sich mindestens auf den umgebenden Graben und hat einen Durchmesser von circa 60 Metern. Mit den ersten Ausgrabungen 1871 wurde der Drusenküppel offiziell zum Bodendenkmal erklärt.[224] Der Drusenküppel ist nicht gekennzeichnet, es gibt kein Hinweisschild; lediglich auf der Karte der Infotafel in Obernhain ist er eingezeichnet.

**Anfahrt:** Der Drusenküppel befindet sich auf einer Weide an der L 3041 von Obernhain in Richtung Lochmühle.

Lindenallee

# Linden und Kastanien vereint

Hohensolms

47 Was ist für Sie eine Allee? Gepflegte Bäume, die eine Autostraße auf beiden Seiten säumen und bei der man automatisch die Geschwindigkeit drosselt, um sich ein wenig treiben zu lassen? Zwei Reihen von niedrig gehaltenen Bäumen in einem Garten oder Park, zwischen denen man lustwandelt und hofft, dass der Gärtner nicht vergessen hat, eine Bank aufzustellen, um dort sitzend die Ruhe zu genießen?

Was auch immer eine Allee für Sie ist – eine davon finden Sie am Ortsende von Hohensolms bei Wetzlar. Es handelt sich um eine Lindenallee, die 2012 zum Naturdenkmal erklärt wurde.

Es ist keine jener akkurat angelegten Alleen, die gehegt und ge-

Die Lindenallee

Einzelne Bäume der Allee

pflegt werden. Die Bäume scheinen vielmehr sich selbst überlassen, ganz so wie in einem Wald. Es macht dennoch nicht weniger Spaß, durch sie hindurchzugehen und sich ein wenig treiben zu lassen.

Lindenblüte

Auf circa 300 Metern stehen auf beiden Seiten eines unbefestigten Weges derzeit 107 Linden und 51 Kastanien in mehreren Reihen.[225] Für den einen oder anderen ist es nicht die Lindenallee, sondern die Kastanienallee, wo sie im Herbst Kastanien sammeln.

Von den Linden sind einige über 300 Jahre alt. Mit teilweise weit ausladenden Ästen oder Knollen an den Stämmen ist jeder Baum einzigartig. Das macht es für mich besonders faszinierend, durch die Allee zu gehen. Man kann beim ersten Baum anfangen, seine Höhe bewundern, ihn dann mit dem nächsten vergleichen, dessen untere Äste ineinander verhakt sind, um danach zum dritten Baum zu gehen und zu versuchen, den Stamm zu umfassen, was aber aufgrund seiner Dicke nicht möglich ist. So gelangt man von Baum zu Baum und lernt die Allee kennen. Oder man genießt einfach nur die Ruhe auf einer der Bänke oder lustwandelt im ganz klassischen Sinne.

Die Ernennung zum Naturdenkmal erfolgte wegen ihrer »Schönheit und landeskundlichen Bedeutung«:[226] Einst diente die Allee als Zufahrt zum Schloss Hohensolms, heute die Evangelische Jugendburg Hohensolms. Das Schloss befindet sich im Besitz der Evangelischen Kirche in Hessen und Nassau und ist eine Jugendbildungsstätte mit verschiedenen erlebnispädagogischen Projekten.

Anfahrt: Die Lindenallee befindet sich am Ende der Steinstraße in Hohensolms.

Drei Eichen und der Wotanstein

# Naturdenkmale und Kulturdenkmal an einem Ort

Maden

48 Auf der einen Seite des Schildes steht: Wotanstein – Naturdenkmal, auf der anderen Seite heißt es: Wotanstein – Kulturdenkmal. Was ist der Wotanstein nun? Um es gleich vorwegzunehmen: Der Wotanstein ist ein Kulturdenkmal, die drei Eichen, die ihn umgeben, sind die Naturdenkmale.[227]

Vom Schild führt ein schmaler Pfad in wenigen Metern zu den Denkmalen auf einer Grasfläche, ein Blätterbogen bildet romantisch den Zutritt.

Der erste Blick fällt auf den Wotanstein (manchmal auch Wodanstein genannt), der in der Mitte steht. Auf einer Tafel sind die wichtigsten Informationen zu lesen: Der Stein gilt als eines der imposantesten Megalithdenkmale Deutschlands, wobei die Besonderheit darin liegt, dass der Wotanstein aus Quarzit besteht, der nicht aus der Gegend kommt, sondern erst wieder im Gebiet von Borken in rund 25 Kilometern Entfernung zu finden ist. Es wird daher vermutet, dass der Findling im 3. Jahrtausend v. Chr. an diesen Ort gebracht wurde.

Man geht davon aus, dass der Wotanstein – so wie andere Megalithen im Raum zwischen Fritzlar und Kassel auch – eine rituelle oder religiöse Bedeutung hatte. Ab dem 1. Jahrtausend v. Chr. wurde er wahrscheinlich von den Chatten in der Sakrallandschaft Mattium genutzt, um Wodan (beziehungsweise Wotan, dem Hauptgott in der nordisch-germanischen Mythologie) zu ehren.

Bereits 1407 wurde »der lange steyn zu Madin«[228] urkundlich erwähnt. Als er im Siebenjährigen Krieg (1756 bis 1763) ausgegraben wurde, weil man darunter einen Schatz vermutete, fand man nur menschliche Knochen – und es wurde festgestellt, dass der Teil des

Wotanstein mit einer der drei Eichen

Blattwerk als Tor zum Wotanstein

Steins, der in der Erde steckt, genauso groß ist wie der Teil über der Erde.

Zum Wotanstein gibt es auch eine schöne Sage: Der Teufel wollte von Lamsberg aus die erste christliche Kirche des Bonifatius in Fritzlar mit dem Wotanstein zerschmettern. Der Stein prallte jedoch am Schild des Erzengels Michael ab und fuhr an der Stelle in die Erde, wo er heute steht. Die Abdrücke und Löcher im Stein sind die Handabdrücke des Teufels (Teufelskralle).[229]

Ich schaue mir die Löcher genauer an und erkenne mit etwas Fantasie sogar die Abdrücke einer Hand. Der Stein wirkt auf mich ein wenig abgenutzt, aber wenn man bedenkt, wie alt er ist, überrascht das nicht.

Die drei Eichen stehen in drei Ecken der abgegrenzten Grünfläche um den Wotanstein herum. Die Äste der Naturdenkmale erstrecken sich über das gesamte Quadrat und ihre Blätter sind so dicht, dass nahezu die gesamte Fläche im Schatten liegt. Es wirkt fast so, als ob sie den Stein bewachen und beschützen wollten. Ursprünglich waren es wohl vier Eichen, in der einen Ecke steht heute eine Bank.

Warum die Eichen unter Naturschutz gestellt wurden, ist leider nicht bekannt, sie sind aber bereits seit der Verordnung vom 16. September 1936 (Amtsblatt der Regierung Kassel) geschützt. Damals wurde ihr Alter mit circa 55 Jahren angegeben,[230] jetzt, 2017, müssten sie circa 136 Jahre alt sein. War der Schutzgrund vielleicht das Zusammenspiel des Wotansteins mit den ihn »schützenden Eichen« in jeder Ecke?

Tipp: Nur zehn Autominuten entfernt, in Dorla, gibt es ein weiteres Naturdenkmal, von dem leider nur noch Reste zu sehen sind: die Kandelaberlinde auf dem Friedhof in der Ortsmitte. Im Juli 2015 musste der Baum aus Sicherheitsgründen abgesägt und gesichert werden, da der Grundstamm nach einem Sturm von einem Pilz befallen war. Es wird vermutet, dass die Linde über 600 Jahre alt ist. Nach neueren Erkenntnissen muss sie im 14. Jahrhundert gepflanzt worden sein. Damals wurden nach überstandener Pest in den kleinsten Dörfern »Glückslinden mit 7 Abzweigen«[231] gesetzt.

Es blieb zwar nur der untere Teil des Baumes erhalten, ich kann mir aber vorstellen, wie mächtig er gewesen sein muss. Ich bedaure, dass ich die Linde nicht gesehen habe, als sie noch in ihrer ganzen Pracht stand. Auf der Infotafel ist eine kleine Zeichnung des Baumes zu sehen; die maximale Baumhöhe betrug 22 Meter, der Kronenumfang 15 Meter. Der größte Teil des kleinen Friedhofs muss in seinem Schatten gelegen haben. Die Kandelaberlinde war eine der wenigen erhaltenen uralten »geleiteten Linden«[232] Hessens, heißt es auf der Tafel weiter. Aufgrund ihrer Form war sie außerdem einmalig in der Region.

Anfahrt: Die drei Eichen und der Wotanstein liegen direkt am Ortseingang von Maden, von Obervorschütz kommend (K 9); dort steht auch das Natur- und Kulturdenkmalschild.

Dorf- und Kirchhofslinde

# Mittelpunkt des Dorfes

Grüningen

49 Fast in Sichtweite zueinander gibt es in Grüningen zwei Linden, die sich ziemlich ähneln und die man daher leicht verwechseln kann: Die Dorflinde am Kindergarten und die Kirchhofslinde auf dem evangelischen Friedhof sind nur circa 100 Meter voneinander entfernt.

Die Dorflinde ist nicht sofort zu sehen. Sie steht auf dem Hof des Kindergartens, der von einer Steinmauer umgeben ist. Von außen fällt sie daher kaum auf, auch, weil sie nicht hochgewachsen ist, wie man es von Linden eigentlich gewohnt ist. Im Gegenteil, die Linde wirkt eingeklemmt von den Holzstäben, die sie stützen. Auffällig ist zudem, wie sie in die Breite wächst. Der Stamm der Linde streckt sich nicht nach oben, sondern hat sich unten schon früh geteilt. Die Krone bildet mit den vielen Blättern ein dichtes Dach.

Kirchhofslinde

Dorflinde

Ich muss mich bücken, als ich unter sie trete. Es ist heimelig hier, das muss ich zugeben. Für die Kindergartenkinder hat sie die richtige Größe. Ich stelle mir vor, wie sie um die Linde herumspringen, Fangen spielen oder sich vielleicht darunter verkriechen, wenn sie einmal traurig sind.

Die Linde auf dem Friedhof besteht hingegen aus »zwei Stufen«: Die unteren Äste sind mit Holzpfählen gestützt, damit sie nicht herunterbrechen, während sich innen der Stamm weiter nach oben streckt und dort teilt.

Im Sommer 2017 bekam die Kirchhofslinde ein neues Holzgerüst, eine »Stützhilfe«, da das alte morsch geworden war und die Äste abzubrechen drohten.[233]

Linden bildeten früher oft den Mittelpunkt eines Ortes. Manche wurden als Gerichtslinde genutzt, andere waren Treffpunkt für Feiern und Tanz – sogenannte Tanzlinden. Einige der Linden erfüllten beide Funktionen. Tanzlinden gelten als »besonderer, eigenständiger Ausdruck dörflicher Kultur«[234] und »Dokument ländlicher Ge-

Hohler Stamm der Kirchhofslinde

schichte«.[235] Während es sie früher in jedem Dorf gab, sind sie heute fast verschwunden – trotz ihrer kulturell-historischen Bedeutung.

Interessant finde ich die »Formgebung«, die Tanzlinden erfuhren. Die Äste wurden besonders beschnitten und in die gewünschten Richtungen »geleitet«.

Es gibt übrigens zwei Formen: »Tanzlinden im engeren Sinn sind eine besondere Form von geleiteten Linden. Ursprünglich wurden als Tanzlinden nur geleitete Linden bezeichnet, die Podeste trugen, damit in der Baumkrone getanzt werden konnte. Tanzlinden im weiteren Sinne sind geleitete Linden, bei denen am Boden unter der Linde oder außerhalb des Astbereichs um sie herum getanzt wird. Bei beiden geleiteten Haupt-Formen der Tanzlinden ist um den Stamm der Linde herum auf Höhe des unteren Astkranzes ein Gerüst gebaut, das u. a. dem Verziehen der Äste dient.«[236]

Beide Linden in Grüningen sind solche geleiteten Linden, doch leider ist nicht belegt, ob sie tatsächlich als Tanzlinden genutzt wurden.[237] Ich kann mir dennoch gut vorstellen, wie sich die Bewohner von Grüningen vor Hunderten von Jahren bei der Kirchhofslinde trafen, wie eine Kapelle auf einem Podest saß und spielte, während die Menschen gemeinsam mit den Glühwürmchen um den Baum tanzten.

Doch auch wenn die Bäume nur gewöhnliche Linden waren, bildeten sie sicherlich wegen ihrer Lage immer den Mittelpunkt im Ort, so wie heute noch die Kirchhofslinde. In den Sommermonaten treffen sich die Mitglieder der Frauenhilfe der evangelischen Kirchengemeinde unter ihr, um schöne Stunden zu verbringen. Im Advent startet der Nikolaus an dieser Linde seinen Zug mit den Kindern zur Burg Grüningen, wo sie gemeinsam feiern, und Heilig Abend versammeln sich die Besucher der Christmette nach dem Gottesdienst unter der Kirchhofslinde, um sich gemeinsam die Bläsergruppe anzuhören. Darüber hinaus sind die beiden Bäume Stationen bei den historischen Rundgängen in Grüningen.[238]

Das Alter der Linden wird auf circa 350 Jahre geschätzt, beide wurden 1903 als Naturdenkmal ausgewiesen.

Anfahrt: Beide Linden befinden sich in der Mitte von Grüningen: Die Dorflinde steht im Hof des Kindergartens (Ecke Schulstraße/Taunusstraße), die Kirchhofslinde bei der evangelischen Kirche (Taunusstraße).

Zwölf-Uhr-Stein (de 12 Uhrstå)

# »Wer des Nachts ein Rumpeln hört …«

Schwickartshausen

50 Eigentlich ist er leicht zu entdecken, allerdings fahren die meisten wohl am Zwölf-Uhr-Stein zwischen Schwickartshausen und Ober-Lais an der K 99 vorbei. Es gibt kein Hinweisschild, darüber hinaus ist der Wald leicht erhöht, sodass der Stein nicht auf Augenhöhe des Fahrers ist. Mir ist nur ein kleiner Holzpfahl aufgefallen.

Der Zwölf-Uhr-Stein ist auf den ersten Blick nicht sehr aufregend: Es ist ein mit Moos überwucherter Fels, mit kleinen und etwas größeren Löchern, die sich im Laufe der Jahrhunderte in den Stein gegraben haben. Erst als ich meine Hand auf ihn lege, um das Moos und den Stein zu fühlen, habe ich den Eindruck, dass er lebt und Energie ausstrahlt. Und nicht nur ich scheine das zu spüren. Auf dem Schild, das ich von der Straße aus auf dem Holzpfahl gesehen habe, steht: »Die Energie dieses Ortes ist ruhig, behäbig, solide.« Ja, das kann ich bestätigen. Weiter heißt es: »Dieser Ort unterstützt die Fähigkeit, sich auf sich selbst und seine Stärken zu besinnen, Kraft zu schöpfen für einen Neubeginn.«

Wenn Sie es mal probieren möchten, sollte es vielleicht nicht unbedingt Silvester sein. Einer Sage nach dreht sich der Zwölf-Uhr-Stein in jeder Neujahrsnacht stets um Mitternacht rumpelnd einmal um sich selbst, so, als ob er tanzt.[239] Zeugen gibt es dafür (noch) nicht, schließlich wird auch in Schwickartshausen das neue Jahr mit Böllern und Feuerwerk begrüßt und ein Rumpeln ist dann wohl eher nicht zu hören. Es wäre aber interessant zu erfahren, woher dieses Geräusch kommt: Aus dem Inneren des Steines oder stammt es von den Steinen, den Ästen und dem Laub, die der Felsen durch seinen Tanz herumwirbelt?

Zwölf-Uhr-Stein

Die Sage scheint nicht ganz vollständig zu sein. Früher sollen die Mädchen furchtbare Angst gehabt haben, allein nach dem Spinnstubenabend in Ober-Lais nach Schwickartshausen zurückzukehren, was den jungen Burschen nur recht war. So hatten sie einen Grund, die Hübschen zu begleiten. Ein Problem war allerdings der schreibtischgroße, an der Kreisstraße von Schwickartshausen nach Unter-Lais liegende Basaltblock. Dort am Goldberg, wo allerlei Gestrüpp ist, liegt er schon seit langer Zeit. Wie er dorthin gekommen ist, wussten die Alten noch ganz genau: »Als einst der Teufel wieder einmal unterwegs vom hohen Vogelsberg nach Frankfurt am Main war, wo er arg viel Kundschaft hatte, drückte und zwickte ihn etwas im Schuh. Er zog ihn aus und drehte ihn um. Da flog der Stein heraus. ›Aha‹, sagte der Teufel, ›jetzt weiß ich auch, was mich die ganze Zeit so gedrückt hat!‹« Das war in der Nähe von Schwickartshausen. Und der Stein aus dem Schuh ist jener, der noch heute an der Straße liegt. Nachts dreht er sich beim zwölften Glockenschlag einmal um sich selbst, aber so schnell, dass man sehr genau hinsehen muss, um es wahrzunehmen.[240] Deshalb heißt er Teufelsstein.

Einige vermuten, dass der Stein aufgrund seiner Aushöhlung und Platzierung als Kalenderstein genutzt wurde[241] oder als ritueller Sammelplatz diente. In die Aushöhlung könnte ein Priester oder Druide einen Stab gesteckt haben, um durch dessen Schatten zur Zeit des höchsten Sonnenstandes den Beginn einer spirituellen Handlung anzuzeigen.[242] Doch erwiesen ist das nicht.

Geologisch betrachtet ist der Stein ein Basalt, der 1986 mit dem Vermerk »Felsstein mit kulturhistorischer Bedeutung«[243] als Naturdenkmal ausgewiesen wurde.

Anfahrt: Der Stein befindet sich an der K 99 von Schwickartshausen nach Ober-Lais links im Wald. Es führt jedoch kein direkter Weg dorthin. Den auf dem Schild erwähnten »rund weg kunst« gibt es nicht mehr.

# Anhang

## Anmerkungen

1 Gräf, Hans Gerhard (Hrsg.): Goethes Liebesgedichte. Mit einem Nachwort von Emil Staiger. 1. Aufl. Frankfurt am Main/Leipzig: Insel Verlag 1977, S. 187.

2 Dr. Silvius Wodarz Stiftung: Baum des Jahres. Baum des Jahrtausends – Gingko Biloba (http://baum-des-jahres.de/index.php?id=6&L=0).

3 Lewington, Anna; Parker, Edward: Unsere ältesten Bäume. Naturdenkmäler aus aller Welt. 1999, S. 180.

4 Dr. Silvius Wodarz Stiftung: Baum des Jahres. Baum des Jahrtausends – Gingko Biloba (http://baum-des-jahres.de/index.php?id=6&L=0).

5 Kroneisen, Armin: Projekt »Sichtbarmachen der Rödelheimer Synagoge«. Heimat- und Geschichtsverein Rödelheim e. V. (http://www.hgv-roedelheim.de/hgvra.htm).

6 http://www.hgv-roedelheim.de/hgvra.htm.

7 https://de.wikipedia.org/wiki/Ginkgo; Neuer Kaiser Verlag GmbH (Hrsg.): Bäume. Arten kennenlernen und bestimmen. Fränkisch-Crumbach 2011. S. 44.

8 Siehe Infotafel vor Ort.

9 Siehe Infotafel vor Ort.

10 Neuer Kaiser Verlag GmbH (Hrsg.): Bäume. Arten kennenlernen und bestimmen. Fränkisch-Crumbach 2011. S. 118.

11 Hartmann, Marion: Der Maulbeerbaum (https://www.naturwelt.org/kräuter/bäume-und-büsche/der-maulbeerbaum).

12 https://de.wikipedia.org/wiki/Seidenbau.

13 Reichert, Irmgard (Schutzgemeinschaft Deutscher Wald [SDW]): Persönliche Mitteilung.

14 Reichert, Irmgard (Schutzgemeinschaft Deutscher Wald [SDW]): Persönliche Mitteilung.

15 Erk, Werner (Heimat- und Geschichtsverein Glauburg e. V.): Persönliche Mitteilung.

16 Siehe Infotafel vor Ort.

17 http://www.planet-wissen.de/geschichte/urzeit/deutschland_in_der_urzeit/pwiemethodendergeologie100.html.

18 Büdinger Tourismus und Marketing GmbH: Geotop – Wilder Stein (http://www.buedingen.info/erleben/natur/geotop-wilder-stein.html).

19 Büdinger Tourismus und Marketing GmbH: Geotop – Wilder Stein (http://www.buedingen.info/erleben/natur/geotop-wilder-stein.html).

20 Büdinger Tourismus und Marketing GmbH: Geotop – Wilder Stein (http://www.buedingen.info/erleben/natur/geotop-wilder-stein.html).

21 Kaltenschnee, Elke: Theater greift Hexenverfolgung in Büdingen auf. Kreis-Anzeiger 16.06.2017 (http://www.kreis-anzeiger.de/lokales/wetteraukreis/buedingen/theater-greift-hexenverfolgung-in-buedingen-auf_17969584.htm).

22 Büdinger Tourismus und Marketing GmbH: Geotop – Wilder Stein (http://www.buedingen.info/erleben/natur/geotop-wilder-stein.html).

23 Siehe Infotafel vor Ort.

24 Deutsche Vulkanologische Gesellschaft e.V. Sektion Vogelsberg: Wilder Stein – Büdingen (http://dvg-vb.de/Geotope.html).

25 https://web.archive.org/web/20160301164607/http://www.hochtaunuskreis.de/Block/Bauen_Umwelt_Wirtschaft_Jobcenter_+Europa_Regionales_Mobilität/Umwelt_+Natur+und+Bauleitplanung/60_00_10+Naturschutz/60_00_13 ND+V06/60 00_13 ND+56_h10-p-7755.html.

26 https://de.wikipedia.org/wiki/Krausbäumchen.

27 Freundeskreis Süntel-Buchen: Name – Süntel-Buche (http://www.suentelbuche.info/name-.html).

28 Die Süntelbuchen: http://www.suentelbuchen.de.

29 https://de.wikipedia.org/wiki/Süntel-Buche.

30 Die Süntelbuchen: http://www.suentelbuchen.de.

31 Stadt Bad Homburg v.d. Höhe: Der Elisabethenstein (https://www.bad-homburg.de/leben-in-bad-homburg/umwelt-naturschutz/landschaft-erholung/landgraefliche-gartenlandschaft/landgraefliche-gartenlandschaft---der-elisabethenstein.php).

32 Stadt Bad Homburg v.d. Höhe: Der Elisabethenstein (https://www.bad-homburg.de/leben-in-bad-homburg/umwelt-naturschutz/landschaft-erholung/landgraefliche-gartenlandschaft/landgraefliche-gartenlandschaft---der-elisabethenstein.php).

33 Stadt Bad Homburg v.d. Höhe: Der Elisabethenstein (https://www.bad-homburg.de/leben-in-bad-homburg/umwelt-naturschutz/landschaft-erholung/landgraefliche-gartenlandschaft/landgraefliche-gartenlandschaft---der-elisabethenstein.php).

34 Neuer Kaiser Verlag GmbH (Hrsg.): Bäume. Arten kennenlernen und bestimmen. Fränkisch-Crumbach 2011, S. 155.

35 Bauer, Gerd: Die Blutlinde von Frauenstein. In: Das unsichtbare Land. Hessische Sagen – neu erzählt. Frankfurt/Main: Frankfurter Societäts-Druckerei 2004, S. 56.

36 Wodarz-Eichner, Eva. Sagenhaftes Mahnmal. Die Frauensteiner Blutlinde hält die Erinnerung an ein Verbrechen wach. Aar-Bote 16.03.2016.

37 Wald-Läufer: Der Rheingauer Gebückwanderweg (http://www.wald-laeufer.de/wissens.touren/793/Gebueckwanderweg.htm).

38 Naturpark Rhein-Taunus (Hrsg.): Rheingauer Gebückwanderweg. Idstein. S. 7.

39 Naturpark Rhein-Taunus (Hrsg.): Rheingauer Gebückwanderweg. Idstein. S. 3.

40 Staatsbad Schlangenbad GmbH. Erkundungen am Gebück. Aar-Bote 17.05.2017.

41 Naturpark Rhein-Taunus (Hrsg.): Rheingauer Gebückwanderweg. Idstein. S. 7.

42 Naturpark Rhein-Taunus (Hrsg.): Rheingauer Gebückwanderweg. Idstein. S. 20.

43 Naturpark Rhein-Taunus (Hrsg.): Rheingauer Gebückwanderweg. Idstein. S. 7.

44 Bauer, Gerd: Geheimnisvolles Hessen. Fakten, Sagen und Magie. Ein Handbuch des Denk- und Merkwürdigen. 2. Aufl. Marburg: Hitzeroth 1993, S. 177.

45 Naturpark Rhein-Taunus (Hrsg.): Rheingauer Gebückwanderweg. Idstein. S. 20.

46 Behrendt, Orna (Untere Naturschutzbehörde Rheingau-Taunus-Kreis): Persönliche Mitteilung.

47 Müller, Jürgen (Forstamt Bad Schwalbach): Persönliche Mitteilung.

48 Behrendt, Orna (Untere Naturschutzbehörde Rheingau-Taunus-Kreis): Persönliche Mitteilung.

49 Feiß, Wolfgang (BUND) mit Hinweis auf das Buch: Schwabe, Angelika; Storm, Christian; Süss, Karin: Ried und Sand. Biotopverbund und Restitution durch extensive Landbewirtschaftung. Münster: BfN-Schr.-Vertr. im Landwirtschaftsverlag 2011.

50 Bathon, Horst; Wittenberger, Georg: Die Naturdenkmale des Landkreises Darmstadt-Dieburg mit Biotop-Touren. 2. Aufl. Roßdorf: TZ 2016, S. 175.

51 https://de.wikipedia.org/wiki/Benjeshecke.

52 Bathon, Horst; Wittenberger, Georg: Die Naturdenkmale des Landkreises Darmstadt-Dieburg mit Biotop-Touren. 2. Aufl. Roßdorf: TZ 2016, S. 171.

53 Information der Unteren Naturschutzbehörde Kreis Offenbach.

54 Stich, Koloman (Untere Naturschutzbehörde Kreis Offenbach): Persönliche Mitteilung.

55 Stich, Koloman (Untere Naturschutzbehörde Kreis Offenbach): Persönliche Mitteilung.

56 WDR Köln: Lebensraum Moor. Moore. Planet Wissen (http://www.planet-wissen.de/natur/landschaften/lebensraum_moor/index.html).

57 WDR Köln: Lebensraum Moor. Der Mensch und das Moor. Planet Wissen (http://www.planet-wissen.de/natur/landschaften/lebensraum_moor/pwiedermenschunddasmoor100.html).

58 Stich, Koloman (Untere Naturschutzbehörde Kreis Offenbach): Persönliche Mitteilung.

59 Evangelische Kirche Aarbergen-Michelbach. Festschrift 1908–2008. S. 29.

60 Evangelische Kirche Aarbergen-Michelbach. Festschrift 1908–2008. S. 29.

61 Evangelische Kirche Aarbergen-Michelbach. Festschrift 1908–2008. S. 30.

62 https://de.wikipedia.org/wiki/Liste_der_Naturdenkmale_in_Darmstadt.

63 Geo-Naturpark Bergstraße-Odenwald e.V.: Geotop 2012. Der Goethefelsen am Herrgottsberg. Kontinentenkollision im Erdaltertum (http://www.geo-naturpark.net/deutsch-wAssets/docs/geotope/geotop-2012-goethefelsen.pdf).

64 Geo-Naturpark Bergstraße-Odenwald e.V.: Geotop 2012. Der Goethefelsen am Herrgottsberg. Kontinentenkollision im Erdaltertum (http://www.geo-naturpark.net/deutsch-wAssets/docs/geotope/geotop-2012-goethefelsen.pdf).

65 Heléne, Jörg: Darmstadt. Die Teufelsklaue auf dem Herrgottsberg (https://darmundestat.wordpress.com/2012/06/17/die-teufelsklaue-auf-dem-herrgottsberg/).

66 Germeroth, Rüdiger; Koenies, Horst; Kunz, Reiner: Natürliches Kulturgut. Vergangenheit und Zukunft der Naturdenkmale im Landkreis Kassel. Niedenstein: Cognitio 2005, S. 168.

67 Germeroth, Rüdiger; Koenies, Horst; Kunz, Reiner: Natürliches Kulturgut. Vergangenheit und Zukunft der Naturdenkmale im Landkreis Kassel. Niedenstein: Cognitio 2005, S. 36.

68 https://de.wikipedia.org/wiki/Kopfsteine_(Calden).
69 https://de.wikipedia.org/wiki/Magerrasen.
70 Germeroth, Rüdiger; Koenies, Horst; Kunz, Reiner: Natürliches Kulturgut. Vergangenheit und Zukunft der Naturdenkmale im Landkreis Kassel. Niedenstein: Cognitio 2005, S. 46.
71 Germeroth, Rüdiger; Koenies, Horst; Kunz, Reiner: Natürliches Kulturgut. Vergangenheit und Zukunft der Naturdenkmale im Landkreis Kassel. Niedenstein: Cognitio 2005, S.
72 Siehe Infotafel vor Ort.
73 Gurk, Chris: Baumkunde. Linde zu Bermoll, Register-Nr.: 1496 (http://www.baumkunde.de/forum/viewtopic.php?t=13645).
74 Lahn-Dill-Kreis: ND-Blatt Nr. 002. Nr. 8. Dicke Linde Bermoll, Aßlar (http://www.lahn-dill-kreis.de/fileadmin/LDK/Buergerservice/Bauen___Naturschutz/Naturdenkmale/002_ND_8_Dicke_Linde_Bermoll_Asslar.pdf).
75 Krumm, Roland (1. Vorsitzender Heimatverein Arborn): Persönliche Mitteilung.
76 Gurk, Chris: Baumkunde. Linde zu Bermoll, Register-Nr.: 1496 (http://www.baumkunde.de/forum/viewtopic.php?t=13645).
77 Engelmann, Kurt: An der »Heiligkreuzkirche« zwischen Arborn und Mengerskirchen (http://sehenswertes-in-mengerskirchen.de/Mgk-Geschichte%20oder%20Kreuzkirche.htm).
78 Renaturierungsarbeiten an der Quelle »Sauborn«. Kreis-Anzeiger 20.05.2017 (http://www.kreis-anzeiger.de/lokales/vogelsbergkreis/schotten/renaturierungsarbeiten-an-der-quelle-sauborn_17906797.htm).
79 Renaturierungsarbeiten an der Quelle »Sauborn«. Kreis-Anzeiger 20.05.2017 (http://www.kreis-anzeiger.de/lokales/vogelsbergkreis/schotten/renaturierungsarbeiten-an-der-quelle-sauborn_17906797.htm).
80 Siehe Infotafel vor Ort.
81 Renaturierungsarbeiten an der Quelle »Sauborn«. Kreis-Anzeiger 20.05.2017 (http://www.kreis-anzeiger.de/lokales/vogelsbergkreis/schotten/renaturierungsarbeiten-an-der-quelle-sauborn_17906797.htm).
82 https://de.wikipedia.org/wiki/Rhön-Quellschnecke.
83 Siehe Infotafel vor Ort.
84 Siehe Infotafel vor Ort.
85 Heil, Bodo: Persönliche Mitteilung.
86 Alte Riesen in der Gemarkung Butzbach. Aus Erinnerungsbäumen wurden Naturdenkmäler. Butzbacher Zeitung. 20. April 2011.
87 Heil, Bodo: Persönliche Mitteilung.
88 Siehe Infotafel vor Ort.
89 Pfeiffer, Erwin: Die Wilhelmsteine im Schelderwald. Gemeinde Siegbach (http://www.siegbach.de/touristik-freizeit/wilhelmsteine/).
90 Pfeiffer, Erwin: Die Wilhelmsteine im Schelderwald. Gemeinde Siegbach (http://www.siegbach.de/touristik-freizeit/wilhelmsteine/).
91 Geopark Westerwald-Lahn-Taunus (Hrsg.): Die Wilhelmsteine. Braunfels.
92 Siehe Infotafel vor Ort.
93 Siehe Infotafel vor Ort.
94 Bauer, Gerd: Wo Siegfried den Ur erlegte. In: Das unsichtbare Land. Hessische Sagen – neu erzählt. Frankfurt/Main: Frankfurter Societäts-Druckerei 2004, S. 21.
95 Neuer Kaiser Verlag GmbH (Hrsg.): Bäume. Arten kennenlernen und bestimmen. Fränkisch-Crumbach 2011, S. 105.

96 Gurk, Chris: Baumkunde. Platane im Park altes Schloß Büdesheim, Register-Nr.: 3749 (http://www.baumkunde.de/forum/viewtopic.php?t=16421).

97 Glück, Thomas (Untere Naturschutzbehörde Main-Kinzig-Kreis): Persönliche Mitteilung.

98 https://web.archive.org/web/20050206143924/http://www.amoenau.de/contents/sehenswertes.htm.

99 https://web.archive.org/web/20050206143924/http://www.amoenau.de/contents/sehenswertes.htm.

100 https://web.archive.org/web/20050206143924/http://www.amoenau.de/contents/sehenswertes.htm.

101 Gemeinde Breitscheid: Schauhöhle Herbstlabyrinth Breitscheid (http://www.schauhöhle-breitscheid.de).

102 Gemeinde Breitscheid: Schauhöhle Herbstlabyrinth Breitscheid. Öffnungszeiten, Preise, Informationen (https://schauhöhle-breitscheid.de/OeffnungszeitenPreiseInformationen).

103 Stand 2017 (https://schauhöhle-breitscheid.de/HoehleundLichttechnik).

104 Gemeinde Breitscheid: Schauhöhle Herbstlabyrinth Breitscheid. Höhle und Lichttechnik (https://schauhöhle-breitscheid.de/HoehleundLichttechnik).

105 Speläologische Arbeitsgemeinschaft Hessen e.V. (SAH) (Hrsg.): Das Herbstlabyrinth und der Karst in Breitscheid im Westerwald. Breitscheid 2016, S. 26.

106 Speläologische Arbeitsgemeinschaft Hessen e.V. (SAH) (Hrsg.): Das Herbstlabyrinth und der Karst in Breitscheid im Westerwald. Breitscheid 2016, S. 26.

107 Speläologische Arbeitsgemeinschaft Hessen e.V. (SAH) (Hrsg.): Das Herbstlabyrinth und der Karst in Breitscheid im Westerwald. Breitscheid 2016, S. 13.

108 Clever, Burkhard (Untere Naturschutzbehörde Lahn-Dill-Kreis): Persönliche Mitteilung.

109 Speläologische Arbeitsgemeinschaft Hessen e.V. (SAH) (Hrsg.): Das Herbstlabyrinth und der Karst in Breitscheid im Westerwald. Breitscheid 2016, S. 26.

110 Siehe Infotafel vor Ort.

111 Speläologische Arbeitsgemeinschaft Hessen e.V. (SAH) (Hrsg.): Das Herbstlabyrinth und der Karst in Breitscheid im Westerwald. Breitscheid 2016, S. 6.

112 Speläologische Arbeitsgemeinschaft Hessen e.V. (SAH) (Hrsg.): Das Herbstlabyrinth und der Karst in Breitscheid im Westerwald. Breitscheid 2016, S. 44.

113 Thielmann, Heiko: Erdbach. Der Karstlehrpfad (http://erdbach.eu/romantisch-und-interessant/der-karstlehrpfad).

114 Beschreibung der Unteren Naturschutzbehörde Hochtaunuskreis.

115 https://de.wikipedia.org/wiki/Verlandung.

116 Siehe Infotafel vor Ort.

117 Siehe Infotafel vor Ort.

118 Gemeinde Schenklengsfeld: Die Schenklengsfelder Linde (https://www.schenklengsfeld.de/verzeichnis/objekt.php?mandat=97354).

119 Gemeinde Schenklengsfeld: Die Schenklengsfelder Linde (https://www.schenklengsfeld.de/verzeichnis/objekt.php?mandat=97354).

120 Siehe Infotafel vor Ort.
121 Siehe Infotafel vor Ort.
122 Siehe Infotafel vor Ort.
123 Siehe Infotafel vor Ort.
124 Gemeinde Schenklengsfeld: Die Schenklengsfelder Linde (https://www.schenklengsfeld.de/verzeichnis/objekt.php?mandat=97354).
125 Müller, Erich: Persönliche Mitteilung.
126 https://web.archive.org/web/20110203065352/http://www.heimatverein-tringenstein.de/detail_burg-tringenstein_geschichte,4.html.
127 https://web.archive.org/web/20110203065352/http://www.heimatverein-tringenstein.de/detail_burg-tringenstein_geschichte,4.html.
128 Roßbach, Josephine (Untere Naturschutzbehörde Limburg-Weilburg): Persönliche Mitteilung.
129 Siehe Infotafel vor Ort.
130 https://www.facebook.com/pg/UnicaBruch/posts/.
131 Hawig, Jörg: Unica-Bruch (http://unicabruch.de/html/unicabruch.html).
132 https://www.facebook.com/pg/UnicaBruch/posts/.
133 Siehe Infotafel vor Ort.
134 Siehe Infotafel vor Ort.
135 Lahn-Marmor-Museum: Unica-Bruch (http://www.lahn-marmor-museum.de/de/museum/unica-bruch.php).
136 Müller, Wolfgang: Naturerlebnis Hessen. Landschaft – Pflanzen – Tiere. Stuttgart: Konrad Theiss 2000, S. 60.
137 Schmitt, Gerhard E.: Naturkundliche Wanderungen in Hessen. Marburg: Hitzeroth 1990, S. 94.
138 Germeroth, Rüdiger; Koenies, Horst; Kunz, Reiner: Natürliches Kulturgut. Vergangenheit und Zukunft der Naturdenkmale im Landkreis Kassel. Niedenstein: Cognitio 2005, S. 19.
139 Schmitt, Gerhard E.: Naturkundliche Wanderungen in Hessen. Marburg: Hitzeroth 1990, S. 94.
140 Germeroth, Rüdiger; Koenies, Horst; Kunz, Reiner: Natürliches Kulturgut. Vergangenheit und Zukunft der Naturdenkmale im Landkreis Kassel. Niedenstein: Cognitio 2005, S. 18.
141 Germeroth, Rüdiger; Koenies, Horst; Kunz, Reiner: Natürliches Kulturgut. Vergangenheit und Zukunft der Naturdenkmale im Landkreis Kassel. Niedenstein: Cognitio 2005, S. 19.
142 Germeroth, Rüdiger; Koenies, Horst; Kunz, Reiner: Natürliches Kulturgut. Vergangenheit und Zukunft der Naturdenkmale im Landkreis Kassel. Niedenstein: Cognitio 2005, S. 178.
143 Bauer, Gerd: Das unsichtbare Land. Hessische Sagen – neu erzählt. Frankfurt/Main: Frankfurter Societäts-Druckerei 2004, S. 235.
144 Bauer, Gerd: Das unsichtbare Land. Hessische Sagen – neu erzählt. Frankfurt/Main: Frankfurter Societäts-Druckerei 2004, S. 235.
145 Germeroth, Rüdiger; Koenies, Horst; Kunz, Reiner: Natürliches Kulturgut. Vergangenheit und Zukunft der Naturdenkmale im Landkreis Kassel. Niedenstein: Cognitio 2005, S. 19.
146 Germeroth, Rüdiger; Koenies, Horst; Kunz, Reiner: Natürliches Kulturgut. Vergangenheit und Zukunft der Naturdenkmale im Landkreis Kassel. Niedenstein: Cognitio 2005, S. 19.
147 Projekt Mammutbaum e.V.: Mammutbaumregister Deutschland (http://mbreg.de/mbr/mbr_de_search.php?q1=id&q=555&search=Suche).
148 Schier, Thomas (Forstamt Nidda): Persönliche Mitteilung.
149 Aus: Lewington, Anna; Parker, Ed-

ward: Unsere ältesten Bäume. Naturdenkmäler aus aller Welt. 1999, S. 28.
150 U.S. Department of the Interior, National Park Service: The General Sherman Tree (https://www.nps.gov/seki/learn/nature/sherman.htm).
151 Lewington, Anna; Parker, Edward: Unsere ältesten Bäume. Naturdenkmäler aus aller Welt. 1999, S. 30.
152 https://de.wikipedia.org/wiki/Fungizid.
153 Siehe Infotafel vor Ort.
154 Siehe Infotafel vor Ort.
155 Projekt Mammutbaum e.V.: Berg- oder Riesenmammutbaum (http://www.projekt-mammutbaum.de/cms/front_content.php?idart=62).
156 Müller, Wolfgang: Naturerlebnis Hessen. Landschaft – Pflanzen – Tiere. Stuttgart: Konrad Theiss 2000, S. 71.
157 Gemeinde Willingen: Hochheide. Naturschutzgebiet mit purpurfarbener Blütenpracht (http://www.willingen.de/themen/familie-freizeit/naturerlebnisse/hochheide.html).
158 Gemeinde Willingen: Hochheide. Naturschutzgebiet mit purpurfarbener Blütenpracht (http://www.willingen.de/themen/familie-freizeit/naturerlebnisse/hochheide.html).
159 Schutz und Pflege der Wacholderheiden der Osteifel (Life-Projekt): Mulchen und Plaggen (http://www.wacholderheiden.eu/index.php?id=150).
160 Naturdenkmale im Landkreis (Teil 2): Einstige Waldflächen verwandeln sich in neuen Lebensraum. Hochheiden auf den Uplandbergen. Waldecker Landeszeitung 16.08.2013 (https://www.wlz-online.de/landkreis/hochheiden-uplandbergen-5382831.html).
161 Gemeinde Willingen: Hochheide. Naturschutzgebiet mit purpurfarbener Blütenpracht (http://www.willingen.de/themen/familie-freizeit/naturerlebnisse/hochheide.html).
162 Müller, Wolfgang: Naturerlebnis Hessen. Landschaft – Pflanzen – Tiere. Stuttgart: Konrad Theiss 2000, S. 72.
163 Neuer Kaiser Verlag GmbH (Hrsg.): Bäume. Arten kennenlernen und bestimmen. Fränkisch-Crumbach 2011, S. 59.
164 Siehe Infotafel vor Ort.
165 https://de.wikipedia.org/wiki/Grün-_und_Gehölzpflege.
166 Siehe Infotafel vor Ort.
167 https://de.wikipedia.org/wiki/Härtling.
168 Siehe Infotafel vor Ort.
169 Neuer Kaiser Verlag GmbH (Hrsg.): Bäume. Arten kennenlernen und bestimmen. Fränkisch-Crumbach 2011, S. 138.
170 Bathon, Horst; Wittenberger, Georg: Die Naturdenkmale des Landkreises Darmstadt-Dieburg mit Biotop-Touren. 2. Aufl. Roßdorf: TZ 2016, S. 15.
171 Krüger, Irene (Regionalmuseum Eschenburg e.V.): Persönliche Mitteilung.
172 Otto, Karlheinz: Kathus. Der Kathuser Rundwanderweg K 1 (http://www.kathus.de/wanderweg_k1.html).
173 https://de.wikipedia.org/wiki/Kathus.
174 Otto, Karlheinz: Kathus. Das Kathuser Seeloch (http://www.kathus.de/seeloch.html).
175 Otto, Karlheinz: Kathus. Das Kathuser Seeloch (http://www.kathus.de/seeloch.html); https://de.wikipedia.org/wiki/Kathus.
176 Otto, Karlheinz: Kathus. Einige Seeloch-Sagen (http://www.kathus.de/seelochSage.html).

177 Otto, Karlheinz: Kathus. Einige Seeloch-Sagen (http://www.kathus.de/seelochSage.html).
178 Otto, Karlheinz: Kathus. Einige Seeloch-Sagen (http://www.kathus.de/seelochSage.html).
179 Otto, Karlheinz: Kathus. Einige Seeloch-Sagen (http://www.kathus.de/seelochSage.html).
180 Otto, Karlheinz: Kathus. Einige Seeloch-Sagen (http://www.kathus.de/seelochSage.html).
181 Otto, Karlheinz: Kathus. Einige Seeloch-Sagen (http://www.kathus.de/seelochSage.html).
182 Hitz, Alexander: Reichelsheim in der Wetterau. Der Wildfrauen Gestühl (http://www.alexanderhitz.de/reichelsheim_wildfrauen.html).
183 Hitz, Alexander: Reichelsheim in der Wetterau. Der Wildfrauen Gestühl (http://www.alexanderhitz.de/reichelsheim_wildfrauen.html).
184 Siehe Strecker, Michael: Auf den Spuren der Wilden Frau von Dauernheim. Groß-Gerau: Ancient Mail 2008.
185 Kulturverein Dauernheim (KVD) (Hrsg.): Der Wilden Frau Gestühl – Gerichtsstätte, Kultplatz oder Sitz der Frau Holle? Dauernheim – Infoblatt beim Wildfrauengestühl.
186 Auf den Spuren der Wilden Frau von Dauernheim, Kreis-Anzeiger, 07.05.2008.
187 Kulturverein Dauernheim (KVD) (Hrsg.): Der Wilden Frau Gestühl – Gerichtsstätte, Kultplatz oder Sitz der Frau Holle? Dauernheim – Infoblatt beim Wildfrauengestühl.
188 Kulturverein Dauernheim (KVD) (Hrsg.): Der Wilden Frau Gestühl – Gerichtsstätte, Kultplatz oder Sitz der Frau Holle? Dauernheim – Infoblatt beim Wildfrauengestühl.
189 Kulturverein Dauernheim (KVD) (Hrsg.): Der Wilden Frau Gestühl – Gerichtsstätte, Kultplatz oder Sitz der Frau Holle? Dauernheim – Infoblatt beim Wildfrauengestühl.
190 Mott, Michael (Heimatforscher, Fulda): Persönliche Mitteilung.
191 Hessisches Landesamt für Naturschutz, Umwelt und Geologie (HLNUG): Jahreszeiten – Geotope: Frühling 2009 (https://www.hlnug.de/themen/geologie/geotope/jahreszeiten-geotope/fruehling-2009.html).
192 Rhönforum e.V.: Rhönlexikon. Teufelstein (http://www.rhoen.info/lexikon/berge/Teufelstein_10977064.html).
193 Siehe Infotafel an der Jägersburg.
194 https://de.wikipedia.org/wiki/Odershausen.
195 Siehe Infotafel in der Holzhütte.
196 Naturpark Kellerwald-Edersee: Naturerlebnispfad Odershausen (http://www.naturpark-kellerwald-edersee.de/de/erlebnis_lehrpfade/naturerlebnispfad_odershausen/).
197 Kessler, Ulrich (Untere Naturschutzbehörde Waldeck-Frankenberg): Persönliche Mitteilung.
198 Germeroth, Rüdiger; Koenies, Horst; Kunz, Reiner: Natürliches Kulturgut. Vergangenheit und Zukunft der Naturdenkmale im Landkreis Kassel. Niedenstein: Cognitio 2005, S. 184.
199 Germeroth, Rüdiger (Fachdienst Naturschutz, Wolfhagen): Persönliche Mitteilung.
200 Germeroth, Rüdiger; Koenies, Horst; Kunz, Reiner: Natürliches Kulturgut. Vergangenheit und Zukunft der Naturdenkmale im Landkreis Kassel. Niedenstein: Cognitio 2005, S. 44.
201 Stadt Zierenberg: Habichtswaldsteig. Extratour Zierenberg. In geheimnis-

voller Bergwelt (http://www.tourist-info-zierenberg.de/extratour-zierenberg.pdf).

202 AG Habichtswaldsteig: Habichtswaldsteig. Auf den Schwingen des Habichts (http://www.habichtswaldsteig.de).

203 AG Habichtswaldsteig: Habichtswaldsteig. Etappe 1: von Zierenberg zum Firnsbachtal (http://www.habichtswaldsteig.de/de/etappenundtouren/streckenbeschreibung/#etappe1).

204 In den Angaben des Landkreises Gießen von 1985 wird ihr Alter auf 300 Jahre geschätzt. Landkreis Gießen: Toteneiche (https://www.lkgi.de/umwelt-bauen-und-entsorgung/naturschutz/457-naturdenkmale/1159-nd42-toteneiche).

205 Ruhwedel, Herbert: Naturdenkmale Frankenau und Ortsteile,16.05.2007 (http://www.nabu-frankenau.de/docs/Naturdenkmale.pdf).

206 Ruhwedel, Herbert (NABU Waldeck-Frankenberg): Persönliche Mitteilung.

207 Arche-Region Kellerwald, Frankenau und Umgebung e.V.: Rinderrassen (http://www.arche-region-kellerwald.de/de/ar/tiere-der-arche-region/kuehe/).

208 Ruhwedel, Herbert (NABU Waldeck-Frankenberg): Persönliche Mitteilung.

209 Ruhwedel, Herbert (NABU Waldeck-Frankenberg): Persönliche Mitteilung.

210 Frankenau ist Hessens erste Arche-Region, HNA Frankenberger Allgemeine 23.01.2014 (https://www.hna.de/lokales/frankenberg/frankenau-hessens-erste-arche-region-3327243.html).

211 Ruhwedel, Herbert (NABU Waldeck-Frankenberg): Persönliche Mitteilung.

212 Arche-Region Kellerwald, Frankenau und Umgebung e.V.: Tiere der Arche-Region (http://www.arche-region-kellerwald.de/de/ar/arche-region-karte/).

213 Ruhwedel, Herbert (NABU Waldeck-Frankenberg): Persönliche Mitteilung.

214 Kubosch, Ralf (Untere Naturschutzbehörde Korbach): Persönliche Mitteilung.

215 Kubosch, Ralf (Untere Naturschutzbehörde Korbach): Persönliche Mitteilung.

216 WDR Köln: Fledermäuse – Geheimnisvolle Wesen der Nacht. Planet Wissen 08.06.2017 (http://www1.wdr.de/mediathek/video/sendungen/planet-wissen-wdr/video-fledermaeuse--geheimnisvolle-wesen-der-nacht-100.html).

217 WDR Köln: Fledermäuse – Geheimnisvolle Wesen der Nacht. Planet Wissen 08.06.2017 (http://www1.wdr.de/mediathek/video/sendungen/planet-wissen-wdr/video-fledermaeuse--geheimnisvolle-wesen-der-nacht-100.html).

218 Christian Annussek, Untere Naturschutzbehörde Hochtaunuskreis.

219 Christian Annussek, Untere Naturschutzbehörde Hochtaunuskreis.

220 Mückenberger, Kai (Landesamt für Denkmalpflege Hessen): Persönliche Mitteilung.

221 Verlag Philipp von Zabern (Hrsg.): Führer zu vor- und frühgeschichtlichen Denkmälern. Hochtaunus – Bad Homburg – Usingen – Königstein – Hofheim. Band 21. Mainz 1972, S. 134.

222 Verlag Philipp von Zabern (Hrsg.): Führer zu vor- und frühgeschichtli-

chen Denkmälern. Hochtaunus – Bad Homburg – Usingen – Königstein – Hofheim. Band 21. Mainz 1972, S. 135.

223 Verlag Philipp von Zabern (Hrsg.): Führer zu vor- und frühgeschichtlichen Denkmälern. Hochtaunus – Bad Homburg – Usingen – Königstein – Hofheim. Band 21. Mainz 1972, S. 135.

224 Mückenberger, Kai (Landesamt für Denkmalpflege Hessen): Persönliche Mitteilung.

225 Treude, Olaf (Gemeinde Hohensolms): Persönliche Mitteilung.

226 Datenblatt Nr. 197.

227 Albracht, Ehrhard (Untere Naturschutzbehörde Schwalm-Eder-Kreis): Persönliche Mitteilung.

228 Siehe Infotafel vor Ort.

229 Siehe Infotafel vor Ort.

230 Albracht, Ehrhard (Untere Naturschutzbehörde Schwalm-Eder-Kreis): Persönliche Mitteilung.

231 Siehe Infotafel vor Ort.

232 Siehe Infotafel vor Ort.

233 Landkreis Gießen: Ohne Hilfe etwas zu ausladend und majestätisch. Focus Online 02.06.2017 (http://www.focus.de/regional/hessen/landkreis-giessen-ohne-hilfe-etwas-zu-ausladend-und-majestaetisch_id_7207672.html).

234 http://www.tanzlindenmuseum.de/museum/.

235 Verein zur Erhaltung und Förderung der Limmersdorfer Kirchweihtradition: Deutsches Tanzlindenmuseum Limmersdorf (http://www.tanzlindenmuseum.de).

236 Verein zur Erhaltung und Förderung der Limmersdorfer Kirchweihtradition: Deutsches Tanzlindenmuseum Limmersdorf. Was sind Tanzlinden? (http://tanzlindenmuseum.de/tanzlinde/).

237 Hahn, Reinhold (Vorsitzender des Heimatvereins Grüningen): Persönliche Mitteilung.

238 Hahn, Reinhold (Vorsitzender des Heimatvereins Grüningen): Persönliche Mitteilung.

239 Siehe Infotafel vor Ort.

240 Beck, Rudolf; Redling, Manfred: Unser Dorf im Laisbachtal, S. 46.

241 Beck, Rudolf; Redling, Manfred: Unser Dorf im Laisbachtal, S. 44.

242 Hauptvogel, Metaré: Persönliche Mitteilung.

243 Dr. Tim Mattern, Fachstelle Naturschutz und Landschaftspflege, Friedberg.

# Dank

Bei meiner Recherche habe ich mit vielen Personen gesprochen und hatte auch einige Zufallsbekanntschaften, die mir bei meinem Projekt sehr geholfen haben.

Besonders bedanken möchte ich mich bei den Mitarbeitern der Unteren Naturschutzbehörden in den Landkreisen, die mir bereitwillig Informationen zu den einzelnen Naturdenkmalen und darüber hinaus zum allgemeinen Naturschutz gaben, vor allem bei Ulrike Schmittner und Koloman Stich (UNB Kreis Offenbach), die ich bei einem Ortstermin ins Flachmoor begleiten durfte.

Des Weiteren möchte ich mich bei Susanne Jost (UNB Vogelsbergkreis), Dr. Tim Mattern (UNB Wetteraukreis), Rüdiger Germeroth (UNB Landkreis Kassel), Burkhard Clever (UNB Lahn-Dill-Kreis), Josephine Roßbach (UNB Limburg-Weilburg), Ralf Kubosch und Ulrich Kessler (UNB Waldeck-Frankenberg), Ehrhard Albracht (UNB Schwalm-Eder-Kreis) sowie Orna Behrendt (UNB Rheingau-Taunus-Kreis), Thomas Glück (UNB Main-Kinzig-Kreis), Frank Dittmar (UNB Herfeld-Rotenburg) und Christian Annussek (UNB Hochtaunuskreis), Jürgen Müller (Forstamt Bad Schwalbach), Thomas Schier (Forstamt Nidda) und Thomas Götz (Forstamt Weilrod) bedanken. Mit vielen Informationen in Telefongesprächen und per E-Mail haben Sie mir bei meiner Recherche zu diesem Buch sehr geholfen.

Hilfreich standen mir ebenso zur Seite: Roland Krumm (Heimatverein Arborn), der mir ausführliche Informationen zur Dicken Linde in Bermoll und zum Wasserfall in Nenderoth gab, sowie Reinhold Hahn (Heimatverein Grüningen), Werner Erk (Heimat- und Geschichtsverein Glauburg), Irene Krüger (Regionalmuseum Eschenburg e. V.) und Reinhard Pfnorr (Niddaer Heimatmuseum e. V.).

Ganz besonders bedanken möchte ich mich bei Helga und Wolfgang Feiß (ehrenamtliche Mitarbeiter beim BUND), die sich sehr viel Zeit nahmen, um mir die Bickenbacher Düne zu zeigen, ebenso bei Herbert Ruhwedel (NABU Waldeck-Frankenberg) und Achim Frede (Nationalpark Kellerwald-Edersee), mit denen ich ausführlich über die Orchideenwiese in Frankenau sprach.

Unterstützung erfuhr ich zudem von Irmgard Reichert (Schutzgemeinschaft Deutscher Wald), Markus Scheidt (Naturpark Lahn-Dill-Bergland) und Dr. Kai Mückenberger (Landesamt für Denkmalpflege Hessen) sowie Olaf Treude (Gemeinde Hohensolms) und Michael Mott (Heimatforscher).

Geholfen haben mir bei meiner Recherche außerdem Adolf Atzbacher und Ilse und Georg Schmidt (ehemaliger Ortspfarrer von Michelbach) sowie Erich Müller, Bodo Heil und Michael Strecker.

Bedanken möchte ich mich auch bei meinen Zufallsbekanntschaften Gerhard Weißenberg, der mein Sitznachbar auf einer Zugfahrt war und mir von der Linde in Schenklengsfeld erzählte, sowie bei Bernd Magold, der mir das Naturdenkmal Hahrehausen zeigte.

# Literaturverzeichnis


Bathon, Horst; Wittenberger, Georg: Die Naturdenkmale des Landkreises Darmstadt-Dieburg mit Biotop-Touren. 2. Aufl. Roßdorf: TZ 2016.

Bauer, Gerd: Das unsichtbare Land. Hessische Sagen – neu erzählt. Frankfurt/Main: Frankfurter Societäts-Druckerei 2004.

Bauer, Gerd: Geheimnisvolles Hessen. Fakten, Sagen und Magie. Ein Handbuch des Denk- und Merkwürdigen. 2. Aufl. Marburg: Hitzeroth 1993.

Bechstein, Ludwig: Aus dem Sagenschatz der Hessen. Husum: Husum 1983.

Beck, Rudolf; Redling, Manfred: Unser Dorf im Laisbachtal. Schwickartshausen 2008.

Evangelische Kirchengemeinde Aarbergen-Michelbach (Hrsg.), Festschrift 1908 – 2008. Festschrift der Evangelischen Kirchengemeinde Aarbergen-Michelbach aus Anlass der 100-Jahres-Feier seit der Einweihung der Kirche am 6. September 1908. September 2008.

Frankenau ist Hessens erste Arche-Region, HNA Frankenberger Allgemeine 23.01.2014.

Geopark Westerwald-Lahn-Taunus (Hrsg.): Die Wilhelmsteine. Braunfels.

Germeroth, Rüdiger; Koenies, Horst; Kunz, Reiner: Natürliches Kulturgut. Vergangenheit und Zukunft der Naturdenkmale im Landkreis Kassel. Niedenstein: Cognitio 2005.

Gräf, Hans Gerhard (Hrsg.): Goethes Liebesgedichte. Mit einem Nachwort von Emil Staiger. 1. Aufl. Frankfurt am Main/Leipzig: Insel Verlag 1977.

Kaltenschnee, Elke: Theater greift Hexenverfolgung in Büdingen auf. Kreis-Anzeiger 16.06.2017.

Kulturverein Dauernheim (KVD) (Hrsg.): Der Wilden Frau Gestühl – Gerichtsstätte, Kultplatz oder Sitz der Frau Holle? Dauernheim.

Lewington, Anna; Parker, Edward: Unsere ältesten Bäume. Naturdenkmäler aus aller Welt. Stuttgart: Franckh-Kosmos Verlags-GmbH & Co. KG 2005.

Müller, Wolfgang: Naturerlebnis Hessen. Landschaft – Pflanzen – Tiere. Stuttgart: Konrad Theiss 2000.

Naturdenkmale im Landkreis (Teil 2): Einstige Waldflächen verwandeln sich in neuen Lebensraum. Hochheiden auf den Uplandbergen. Waldecker Landeszeitung 16.08.2013.

Naturpark Rhein-Taunus (Hrsg.): Rheingauer Gebückwanderweg.1. Aufl. Idstein 2001.

Neuer Kaiser Verlag GmbH (Hrsg.): Bäume. Arten kennenlernen und bestimmen. Fränkisch-Crumbach 2011.

Renaturierungsarbeiten an der Quelle »Sauborn«. Kreis-Anzeiger 20.05.2017.
Sagenhaftes Mahnmal. Die Frauensteiner Blutlinde hält die Erinnerung an ein Verbrechen wach. Aar-Bote 16.03.2016.
Schmitt, Gerhard E.: Naturkundliche Wanderungen in Hessen. Marburg: Hitzeroth 1990.
Schwabe, Angelika; Storm, Christian; Süss, Karin: Ried und Sand. Biotopverbund und Restitution durch extensive Landbewirtschaftung. Münster: BfN-Schr.-Vertr. im Landwirtschaftsverlag 2011.
Speläologische Arbeitsgemeinschaft Hessen e. V. (SAH) (Hrsg.): Das Herbstlabyrinth und der Karst in Breitscheid im Westerwald. Breitscheid 2016.
Staatsbad Schlangenbad GmbH. Erkundungen am Gebück. Aar-Bote 17.05.2017.
Strecker, Michael: Auf den Spuren der Wilden Frau von Dauernheim. Groß-Gerau: Ancient Mail 2008.
Verlag Philipp von Zabern (Hrsg.): Führer zu vor- und frühgeschichtlichen Denkmälern. Hochtaunus – Bad Homburg – Usingen – Königstein – Hofheim. Band 21. Mainz 1972.

## Websites

www.alexanderhitz.de
www.amoenau.de
www.arche-region-kellerwald.de
www.bad-homburg.de
www.baumkunde.de
www.buedingen.info
www.darmundestat.wordpress.com
www.dvg-vb.de
www.erdbach.eu
www.geo-naturpark.net
www.habichtswaldsteig.de
www.hlnug.de
www.hochtaunuskreis.de
www.info.burgdirekt.de
www.kathus.de
www.lahn-dill-kreis.de
www.lahn-marmor-museum.de
www.lkgi.de
www.mbreg.de
www.nabu.de
www.naturpark-kellerwald-edersee.de
www.naturwelt.org
www.planet-wissen.de
www.projekt-mammutbaum.de
www.rhoen.info
www.schauhöhle-breitscheid.de
www.schenklengsfeld.de
www.sehenswertes-in-mengerskirchen.de
www.siegbach.de
www.suentelbuchen.de
www.suentelbuche.info
www.tanzlindenmuseum.de
www.tourist-info-zierenberg.de
www.unicabruch.de
www.wacholderheiden.eu
www.wald-laeufer.de
www.willingen.de

# Bildnachweis

Alle Fotos stammen von der Autorin, außer:

Titelbild Blickfang (www.fotolia.de), S. 15 Von Frank Behnsen, CC BY-SA 3.0, https://commons.wikimedia.org/w/index.php?curid=28716414 || S. 23 Von Taken by Fanghong - Eigenes Werk, CC BY-SA 3.0, https://commons.wikimedia.org/w/index.php?curid=214013 || S. 32 By Photo (c)2007 Derek Ramsey (Ram-Man) - Self-photographed, GFDL 1.2, https://commons.wikimedia.org/w/index.php?curid=3140308 || S. 40 Von PhilEOS - Eigenes Werk, CC BY-SA 3.0, https://commons.wikimedia.org/w/index.php?curid=32660646 || S. 43 Von Brühl - Eigenes Werk, Gemeinfrei, https://commons.wikimedia.org/w/index.php?curid=12631458 || S. 49 CC BY-SA 2.5, https://commons.wikimedia.org/w/index.php?curid=209255 || S. 50 l. Von Gabriele Kothe-Heinrich - Eigenes Werk, CC BY-SA 3.0, https://commons.wikimedia.org/w/index.php?curid=21484821 || S. 50 r. Von HermannSchachner - Eigenes Werk, CC0, https://commons.wikimedia.org/w/index.php?curid=18662660 || S. 51 l. Von HermannSchachner - selbst fotografiert Eigenes Werk, Gemeinfrei, https://commons.wikimedia.org/w/index.php?curid=8945523 || S. 51 r. Von I, MichaD, CC BY-SA 2.5, https://commons.wikimedia.org/w/index.php?curid=2331331 || S. 92 l. By Alefirenko Petro - Own work, CC BY-SA 3.0, https://commons.wikimedia.org/w/index.php?curid=19747964 || S. 92 r. Rinde der Platanen || S. 106 l. By Jörg Hempel, CC BY-SA 3.0 de, https://commons.wikimedia.org/w/index.php?curid=4746494 || S. 106 r. Von Frank Liebig - Archiv Frank Liebig, CC BY-SA 3.0 de, https://commons.wikimedia.org/w/index.php?curid=57878472 || S. 107 r. Von H. Krisp - Eigenes Werk, CC BY 3.0, https://commons.wikimedia.org/w/index.php?curid=14930262 || S. 111 By Andreas Trepte - Own work, CC BY-SA 2.5, https://commons.wikimedia.org/w/index.php?curid=16110223 || S. 121 Von Charlesjsharp - Eigenes Werk, from Sharp Photography, sharpphotography, CC-BY-SA 4.0, https://commons.wikimedia.org/w/index.php?curid=57630284 || S. 122 Von I, Luc Viatour, CC BY-SA 3.0, https://commons.wikimedia.org/w/index.php?curid=4598904 || S. 123 By Thomas Hein - Own work, CC BY-SA 4.0, https://commons.wikimedia.org/w/index.php?curid=62461261 || S. 125 By Fritz Geller-Grimm - Own work, CC BY-SA 3.0, https://commons.wikimedia.org/w/index.php?curid=5608673 || S. 126 By Thomas Hein - Own work, CC

BY-SA 4.0, https://commons.wikimedia.org/w/index.php?curid=49064560 || S. 129 By Baummapper - Own work, CC BY-SA 3.0 de, https://commons.wikimedia.org/w/index.php?curid=58363025 || S. 130 o.l. Gemeinfrei, https://commons.wikimedia.org/w/index.php?curid=1085478 || S. 130 o.r. Von Christian Fischer, CC BY-SA 3.0, https://commons.wikimedia.org/w/index.php?curid=10720772 || S. 130 u. Von GerritR - Eigenes Werk, CC-BY-SA 4.0, https://commons.wikimedia.org/w/index.php?curid=55784922 || S. 131 o. Von Thomas Bresson - Aeshna cyanea, CC BY 2.0, https://commons.wikimedia.org/w/index.php?curid=7644591 || S. 131 u. By Kuebi = Armin Kübelbeck - Own work, CC BY-SA 3.0, https://commons.wikimedia.org/w/index.php?curid=2811212 || S. 137 Von Thereidshome - Eigenes Werk, Gemeinfrei, https://commons.wikimedia.org/w/index.php?curid=5735247 || S. 141 Von Christian Fischer, CC BY-SA 3.0, https://commons.wikimedia.org/w/index.php?curid=20937112 || S. 144 l. Von Valju Aloel - Eigenes Werk (etwiki), GFDL, https://commons.wikimedia.org/w/index.php?curid=19173088 || S. 144 r. Von Hajotthu - Eigenes Werk, CC BY 3.0, https://commons.wikimedia.org/w/index.php?curid=11039594 || S. 145 l. Von Frank Vassen from Brussels, Belgium - Grauspecht (Picus canus), Staatswald Rocherath, Ostbelgien, CC BY 2.0, https://commons.wikimedia.org/w/index.php?curid=29886508 || S. 145 r. Von Margaux1900 - Eigenes Werk, CC BY-SA 3.0, https://commons.wikimedia.org/w/index.php?curid=3620475 || S. 152 By Otto Domes - Own work, CC BY-SA 4.0, https://commons.wikimedia.org/w/index.php?curid=59253757 || S. 155 By Ewald Gabardi - Own work, CC BY-SA 3.0, https://commons.wikimedia.org/w/index.php?curid=51184709 || S. 161 Von Jörg Braukmann - Eigenes Werk, CC-BY-SA 4.0, https://commons.wikimedia.org/w/index.php?curid=46597815 || S. 164 By Jörg Braukmann - Own work, CC BY-SA 4.0, https://commons.wikimedia.org/w/index.php?curid=48636608 || S. 167 l. Von Andrey Tsvirenko - Eigenes Werk, CC BY-SA 3.0, https://commons.wikimedia.org/w/index.php?curid=20984229 || S. 167 r. Bianca Schwenk || S. 176 Achim Frede (Nationalpark Kellerwald-Edersee) || S. 182 Von Gilles San Martin - originally posted to Flickr as Myotis bechsteini, CC BY-SA 2.0, https://commons.wikimedia.org/w/index.php?curid=8118866 || S. 183 Von Karsten11 - Eigenes Werk, Gemeinfrei, https://commons.wikimedia.org/w/index.php?curid=10726743 || S. 187 Von Radio Tonreg from Vienna, Austria - Tilia platyphyllosUploaded by Jacopo Werther, CC BY 2.0, https://commons.wikimedia.org/w/index.php?curid=25210858

# Spukgeschichten

Martina D'Ascola
**Spukgeschichten aus Hessen**
ISBN 978-3-95799-024-2
12,95 Euro

»Spannende Lektüre und Grund zum Reisen bieten die jahrhundertealten, hessischen Gruselgeschichten.«
*Pferde Journal*

Lars Franke
**Spukgeschichten aus Berlin & Brandenburg**
ISBN 978-3-941683-18-1
12,95 Euro

Lars Franke
**Spukgeschichten aus Sachsen**
ISBN 978-3-95799-031-0
12,95 Euro

Karolin Küntzel
**Spukgeschichten aus Schleswig-Holstein**
ISBN 978-3-95799-025-9
12,95 Euro

## Umschlagfotos:

Titelseite:
Großes Foto: Im Nationalpark Kellerwald
Sumpfblutauge (Flachmoor – Obertshausen)
Kopfsteine (Kassel-Calden)
Adventhöhle (Breitscheid)

Rückseite:
Platanen (Büdesheim-Schöneck)
Gewöhnliches Nadelröschen (Bickenbacher Düne – Bickenbach)
Waldkautz (Jägersburg – Odershausen)

Die Deutsche Nationalbibliothek verzeichnet diese Publikation
in der Deutschen Nationalbibliografie;
detaillierte bibliografische Daten sind im Internet über
http://dnb.d-nb.de abrufbar.

1. Auflage 2018

Berliner Allee 38, 13088 Berlin, Tel. (030) 41 93 50 14
info@steffen-verlag.de, www.steffen-verlag.de

Herstellung: Steffen Media, Friedland – Berlin – Usedom
www.steffen-media.de

ISBN 978-3-95799-058-7